制胜力

重新定义职场10000小时定律

【美】里奇·费里德曼 著
刘小群 译

Reply All... And Other Ways To Tank Your Career

江苏凤凰文艺出版社
JIANGSU PHOENIX LITERATURE AND ART PUBLISHING, LTD

致我美丽的妻子，婕米，

有你的陪伴是我的幸运。

致我漂亮的宝贝，麦迪和科尔，

你们俩让我的生活变得更精彩。

当你们成长为翩翩少年时，请记住，

一定要避免我曾经犯过的错误。

CONTENTS 目录

前言
制胜力是个大脑洞

我对自己大学毕业后刚入社会时的情景仍然记忆犹新。大学毕业之后，我终于进入了师长口中的“真实世界”。回想当年，我是初出茅庐的小伙子，对未来满怀憧憬，手握大学毕业证，激情满满地投入前途似乎“一片光明”的工作之中。

然而，仅仅过了一个月，现实就给了我狠狠一记耳光，就像《末路狂花》中的主人公，我不知不觉地走到了万丈悬崖旁。毫无察觉地，我竟然掉进一张由欺骗和操纵织成的大网。我的老板遵守的是“第三次世界大战”独裁者的道德准则。于是，那个曾经对工作充满希望、热情洋溢的男孩被现实“抹杀”了：他每天都在向客户撒谎，为老板的空头支票埋单，始终在地狱的最底层挣扎。

直到二十三岁生日的那天，他彻底崩溃了。

“哦，别那样，快点成熟起来吧，事情真的没有你想象的那么糟。”你也许会这样说。

那么，请允许我举例说明吧。大学毕业后第一年，我就遭遇了五个重大时刻——你也许不相信:“别胡扯了,你一定是在开玩笑吧！”(但是，请相信我，至少有五千个这样的时刻。)

2001 年 9 月 11 日。当时我在华盛顿工作，办公室下方毗邻一条主干道。众所周知，那是非常糟糕的一天（“9·11 事件”)。一辆辆汽车排成长龙，街道被堵得水泄不通，惊慌失措的人们尖叫着四散而逃——一片混乱。当时我和老板正站在窗边，望着街道上的混乱场面。然后，他递给我一摞商务名片，命令我去给街上每一辆被堵的汽车塞一张名片，他觉得那是一个“千载难逢的商机”。顺便说一句，我所在的公司主要从事平面设计和印刷业务。我拒绝了，他对我大吼:“真是个傻货。”

发薪日套路。我们的办公室很小，总共只有六个人，其中包括我们的邪恶老板斯坦利。到了发工资那天，通常只有五个人可以领到足额薪水——斯坦利本人也不例外。大家对此心照不宣。因此，只有赶在周五银行下班前到达银行的人才能幸运地领到工资，迟到的人只能等下周一老板把不知道藏在哪儿的钱打进银行账户后才能领到。然而，他经常会在周五下午六点银行下班后才把支票发给我们，或者把支票装入密封好的信封再给我们，但支票上并没有签名，我们根本不可能从银行取到钱。

免费为老板开车。在给员工发放空头支票成为惯例后，有一天，我的老板非常骄傲地跟我说，他打算给老婆买一辆奔驰 SUV。在此之前，我每天都会开我那辆破车载他到处逛，每次一开就是九个小时，而且我还得自己掏油费。

开夜车。有一次，公司接到一个大项目，我的老板无法抵挡金钱诱惑，于是就命令我和一位同事加班。我们从当天早上 9 点一直干到第二天早上 7 点——将近 24 个小时。加班过后，他竟然大发善心地说，你们可以回家了，好好休息一下，中午再来上班……当然，他说的是当天中午。

报税单延期。离职后，我的老板没有及时把我的雇员报税单交给我，因为他一直忙着篡改对账单。迫不得已，我只好延迟申报个人所得税。最终当我收到报税单时，却发现内容简直一塌糊涂。

我为什么要告诉你这一切？

这些都是我第一次进入“真实世界”的亲身经历，当然，我并不是为了吓唬你。是的，的确有点恐怖。与你分享这些“恐怖故事”没有别的目的，只是希望你知道，我和你一样，刚上班时也曾有过相同的遭遇，我希望你不要像我那样，在事业刚起步时出师不利。可我敢打赌，不管你怎么想，我们大部分人都要（或已经）历经各种磨难，然后才能在事业上取得成功。不仅如此，在我一大半的职业生涯中，如果我从未真正经历过任何职场失礼行为，我该如何理解并正确应对它们呢？

就像许多其他毕业生一样，我曾认为事业会沿着一条传统道路走下去——读完大学，拿到毕业证，找份工作，然后一直干下去，直到领社保的那一天，这就是我当时的想法。因为生活是真实的，绝不是一场电影。我不可能在星巴克咖啡店偶然结识邻座的一位CEO，然后他对我说："孩子，我告诉你，你很有潜力。跟我干怎么样？"不仅如此，就像许多年轻人一样，我曾认为这个世界正期待我的好点子，只要我拿到一张文凭，幸运之门就向我敞开了（就像电影《洛克》的主题曲）。

然而，理想总是很丰满，现实却很骨感。

从大学毕业一直干到退休，这种一帆风顺的日子并不存在。今天，人们在职业生涯中至少会换好几次工作，这已经是司空见惯的事了。因此，你要不停地摸爬滚打，尽量把自己推销出去。了解鲨鱼吗？鲨鱼必须一刻不停地运动才能活下去，一旦停止了运动，它就必死无疑。你的生存之道也应如此——改变、学习、适应——如果不这样做，你就会成为大海中其他猎食者的美味早餐。

既然说到猎食者，我们再回头看一眼位于华盛顿的那家肮脏公司。如果没有更好的出路，我就只能一直干那份糟糕透顶的工作，只能继续忍受老板的飞扬跋扈，只能夹起自己的尾巴再熬三十年。我本来可以那样做，但我没有。

我应该感激我大学毕业后进入的这家恐怖魔鬼乐园吗？绝不！那么，你呢？你是不是一直处在类似的工作环境中？的确，那是一种折磨！我曾祈求那位“仁慈”的CEO，希望他某一天会对我发发慈悲，不要再折磨我。不过，我们都知道那是不可能的。

我仍然记得我辞职的那一天。当时我想，我肯定会被狂揍一顿。毕竟，我的老板是一个恃宠而骄的自大狂，他可以对日常工作中的任何纰漏（偷盗、欺骗、谎言、重复）都视而不见，但对于他这种自大的人来说，即使提出不同意见也会被视为对他不敬，更不用说我要提出辞职了。因此，我猜他一定会狠揍我一顿。我选择在午饭时把自己的想法告诉他，因为在我看来，人一旦吃饱了，心情也许会好一些。我们一起走出餐厅，我开口说道：“听我说，我觉得这份工作不适合我，我现在提前两周告诉你，我要辞职了。”我当时把拳头攥得紧紧的，藏在口袋里，担心他会扑过来，或者挥拳打我。然而，让我感到吃惊，同时也有点失望的是，他只回应了一声“OK”，然后就转身离开了。那是我们最后一次对话。可以看出，他不但是个骗子，还是个懦夫。我离开那天，他和我握了握手，嘴角不自然地笑了笑，说了声再见。一切都结束了。虽然我们之间关系破裂了，但好在我毫发无损。

辞掉第一份工作时，我心想：事情为什么总是那么糟糕？我当时觉得，所有老板可能都是那么蛮横专制，员工只是他们手中的棋子，而不是他们的合作伙伴。事实上，我错了，我得承认，随着时光流逝，我的第一份工作带给我的委屈已经显得微不足道了。当然，它不会从我的经历中彻底消失，永远不会。我想，委屈可以促使我不断前进：如果你感到委屈，那就意味着你要证明自己。因此，委屈不仅让我感到骄傲，还能激励我提升工作业绩。

没有怨恨，没有遗憾。

转眼间，十二年已经过去了。

我辞职后从事过各种之前从未想过的职业，最终我把自己的经历汇集成这本小书。我得承认，我并不是《福布斯》排行榜上最富有的CEO，但在大部分职业生涯中，毫无疑问，我是一位合格的竞争者。我做过职业摔跤手（我的别名是“以色列杀手”伯斯特·马卡比——这是我的真实经历！），主持过博客上的礼仪节目，来自全世界二百多个国家的数百万人收听过这个节目……毫不夸张地说，虽然这些与我最初规划的职业道路截然不同，但我从事的这些职业都相当成功！

除此之外，我还出版了一份获得大奖的互联网杂志，创办了一系列广受欢迎的儿童期刊，并且亲自为它们画插图。此外，我还发明了一种时髦的装饰品，开发了我自己的儿童服装——“魅力城儿童装”。事实上，我开创了一系列事业。我从未想到自己会不断快速闯入各种未知领域。容易吗？一点儿也不容易。尽管在这个过程中不断遭遇坎坷，但我可以坦诚地说，与那种一成不变的平庸生活相比，我更喜欢这种狂放不羁的生活。

麦考林的“QuickandDirtyTips.com”是一家广受欢迎的博客网站。2010年，我认识了这家网站的一位编辑，随后我被该网站聘为现代礼仪专家。我每周开设一期专栏，为读者介绍21世纪的各种礼仪。我实现了自己的梦想！在这个超级互联、没有隐私的电子世界中，我以自己的亲身经历帮助那些被日常琐事困扰的人。我从事过各种职业，遭遇过各种可怕的人和事，这些都成为我帮助别人克服困境的最佳工具。何乐而不为呢？

今天，作为一位现代礼仪专家，我经常受邀出席各种电视、平面媒体、广播节目，给人们讲述我的故事，与人们分享我这些年了解到的关乎我们事业成败的礼仪知识。我来自巴尔的摩郊区，身高只有5.5英尺（约1.68米），从让人疯狂的前摔跤手的底层社会出发，最后走进体面的上层社会。人们愿意从我的经历中汲取经验。当然，我们必须注意这样的事实：今天已经是21世纪，我不是艾米丽·波斯特礼仪学院的学生，所以你在这本书里不会看到如何折叠餐巾或者怎样进行派对策划之类的建议。

我的记忆力非常好，经历过的事就像拍过照片，永远不会忘记。因此，如果我对你说，我记得某件事发生的准确时刻，你完全可以相信事情的真实性。比如，我收到那封促使我下决心写这本书的电邮时的情景仍然历历在目。

那天，我像往常一样查看邮箱，而我的宝贝女儿正在儿科医生办公室的地板上玩猜字谜游戏。突然,我的编辑的名字出现在邮件主题行：“你准备好了吗？”是的，我的机会来了，我等到了绿灯。

我一下子跳起来，大声喊道：“是的！”然后，我顺带飙了几句时髦的脏话。当时我的感觉不是“天啊，这是一个难得的机会”，而更像一名拳击手或综合格斗选手在挨了一记重击之后吼叫“我准备好了”——那是一种咬牙切齿、摩拳擦掌的感觉。你弯曲自己的二头肌，亲吻它，然后大声吼叫：“我准备好了！”这是我职业生涯中梦寐以求的顶峰。现在，我要把成功的“潜规则”拿出来和无数人分享！现在，我可以阻止其他人重蹈那些对事业造成永久伤害的覆辙！

然而，当我平静下来，并为在孩子们面前说脏话而向候诊室内的其他家长道歉后，我突然意识到一个现实，我必须做一些与众不同的事。

我要写的不是一些老生常谈的无聊建议，比如，如何在工作面试时礼貌地表达感谢，或者按时赴约，等等。我要写的是和真实世界相关的职场生活背后的东西，我要揭示其中最薄弱的地方，我要揭示的是所有人在登上高层前希望高层人士透露给我们的内幕信息。

因此，我直接向最高层寻求建议。从时装业到科技界，从餐饮业到房地产，从华尔街到好莱坞……我联系了各行各业的高层领导。我希望我的读者可以从精英人士那里获得第一手信息，这些人也曾有过艰难的开始——更重要的是，我希望为读者揭开成千上万的人失败而他们却能成功的谜底。这是一种巨大的责任。

或者，正如我的编辑所言："千万别把事情搞砸了！"

我明白这一点。

所以，我的思绪回到我决定放弃第一份可怕工作的那一天。假如我从未得到更好的工作，结果将会如何？假如所有老板都拒绝我，结果又将如何？假如所有同事都像魔鬼使者一样让我厌恶，结果又将如何？假如我没有钱付房租、食不果腹，结果又将如何？我希望事情变得容易一些，或者我的第一份工作就是我走向成功的直通车，然而，它不是，可最后我却为此感到高兴。有时候，我们需要一点恐惧感来推动我们冒险放弃自己的工作。就像我第一次跳过摔跤场四周最高的护绳一样，我不知道落地的一刻会是什么结果，但我知道我必须振作起来，迎接挑战。这是我采访到的所有CEO、企业家、明星告诉我的一个事实。没有任何人会说，他们的生活和他们想象的那样；也没有任何人说过，自己的生活一帆风顺、轻松自如，即使是金融圈的富豪们也不会那样说。他们全都认为，最终是你的性格和你待人处事的方式让你获得自己想要的东西。

因此，你可以破釜沉舟，但你绝不能四面树敌。

作家马尔科姆·格拉德威尔提出了一个很好的概念——一万小时定律，他说，天才之所以卓越非凡，并不是天资多么超人一等，而是付出了持续不断的努力；而普通人想要成为大师，一万小时的锤炼是必不可少的。

我写这本书，是为了让职场新手（当然有些老手也适用）在成为职场精英的路上，少走弯路，少做无用功，实实在在地用好职场“一万小时定律”。

职场大牛的一万小时，从面试就开始了……

1

完美面试：制胜第一步

喂，花花世界，我来了！花花世界？

得了吧，你的学历只是一张纸，不是一根魔杖。

第一印象就在面试前五秒

你可能生来富有，但你不可能生来就成功！

——里奇·费里德曼，现代礼仪专家

我非常喜欢这句引言，原因有很多。第一，这句话是对这个真实世界运作方式的最佳提醒。第二，这也是许多人刚上班时最容易忘记的。在我看来，这句口号应该被贴在所有大学的教室墙壁上，提醒大家不要忘了这个真实的世界——尤其是职场世界——你在这里不能依靠运气和个人经验取得成功。

虽然我在这里提到“富有”，但我并不打算谈论金钱。我提到它是因为你也许生来就很富有，或者拥有成功的机会，所以你可以轻易成功。但事实上成功是靠努力得来的，它绝不是免费的生日蛋糕，或者星巴克星享卡的金星等级。

当然，你可以得到入门帮助（我推荐这种帮助！），但你一旦入了门，就要依靠自己。你去哪所学校上学、你认识谁、你或你的父母有多少钱，这些都会为你自己的双手和头脑所能取得的成就提供帮助。在这个世界上，没有什么能胜过艰苦努力。就这么简单。

在这一章中，我将讲述许多行业名人的名言、故事、逸闻，他们对于成功都有自己的见解——从推销自己的方式，到你与其他人共事的方式，到你如何旅行、你在会议及就餐时的行为举止，再到影响你事业成败的各种其他场合中的表现。那些只会依赖别人成就的人永远不会取得成功（这句话是说给生来富贵的人听的！），因为成功就像衣服，穿在别人身上非常合适，但你穿可能就没有那么合适了。你不能把成功装入漂亮的礼盒送给别人，幻想他打开礼盒之后，还能完好如初地保存着。可悲的是，自负的人们常会忘记这个简单的真理。

同样让我感到悲哀的一句话是："这个世界对我没有任何亏欠。"

在这一章，我将带你去参加一次让人精神崩溃的工作面试，帮你从面试双方的角度来读懂面试。因此，在你忘记烫熨衬衣之前，在你因为闹钟失准而面试迟到之前，在你和面试官握手时说"嘿，哥们！"之前，你应当认真核对一遍我为你建议的行为准则，认真了解面试礼

“瞧，如果它曾经适用于扎克伯格，那么它现在也适合我。所以，关于工资……”

仪中的各种注意事项。

为什么面试会让人高度紧张呢？这是有原因的。事实上，你不应该紧张，它只是一次重要交易。为了完成本书的写作，我采访过许多行业内的大咖，他们告诉我，从你走进办公室那一刻起，他们就已经开始观察并评判你了。工作面试不仅是展示你的简历，也不是看你那张“华丽”的大学毕业证。在你开门的一瞬间，面试已经开始了。每一秒钟都是一次考试。就像许多考试一样，失败的人不计其数。

不过，好在工作面试像一次考试，你可以通过学习来做好准备——是的，即使是在最后一刻，你也需要死记硬背一些面试技巧——确保你已经充分做好准备。然而，工作面试又和考试有所不同，它不是为了让你获得分数，它是为了检验你是否真如你的毕业证上描述的那样优秀。

专业人士观点

芭芭拉·科科伦

房地产大亨、投资人，美国 ABC 电视台《鲨鱼坦克》（又称《创智赢家》）节目主持嘉宾

• • •

每周有数百万人观看芭芭拉·科科伦主持的 ABC 电视台寻找投资人节目——《鲨鱼坦克》。在这个节目中，怀揣梦想的创业者必须在数分钟之内说服投资大亨们，让他们为自己提供创业启动资金，从而使梦想成真。然而，很少有人知道的是，创业者只要一开口，芭芭拉就已经根据自己的直觉做出了判断。

太残酷了？

的确如此。

可是，这个节目不仅仅是电视秀。只要涉及商业，许多人（也就是从事招聘的人）立刻会运用自己的本能去判断眼前的人。芭芭拉给我讲述了一次特殊的招聘过程，当时有位应聘者来她的办公室参加面试：

我们的办公室非常小，只有六七个职员。因此，当你走进办公室时，你马上就能看到整个团队工作场所的全貌。这位应聘者来得非常早，他对我助手说的第一句话是："我是应约来见科科伦女士的，能否让我在外面等候？"外面？当时外面正在下雨……我喜欢这人！他一走进办公室就意识到可能会打扰别人，然后他立即做出反应，好让我们不会感到不便——尽管当时他是应约而来。这样做很明智，后来我雇用了他。尽管他在随后的面试中表现略显不足，但在接下来一个半小时的交谈中，我一直戴着"玫瑰色的眼镜"[1]看待他。

这个故事反映出有关面试的一个清晰事实——你尚未被雇用，你必须设法赢得雇用的机会。当你踏上雇主的草坪，就要放低自己的姿态，珍惜每一秒钟时间。假定自己比其他候选人有优势，这种想法十分愚蠢。当然，有时候，你可以

[1]释自 rose-colored glasses，此处用于表达乐观的看法。

聊聊你是如何获得面试机会的，或者聊聊你老爸经常在周末和首席财务官打高尔夫球，然而，面试经理更希望雇用最胜任工作的人。如果你认为你已经获得了这个职位，那么你的面试也就结束了。

正如芭芭拉所言：

> 一个人是否喜欢你，取决于见面的前五六秒钟。因此，你在前几秒内一定要留心自己的言行。前五六秒之后，我很少会改变自己的看法。你坐下来，展示你的热情，但通常是面试官决定他们是否喜欢你。他们可能还没有确定是否雇用你，但他们已经确定是否喜欢你。因此，你必须做好充分准备，好好想想你可能遭遇的各种情况。许多人都认为他们需要一个预热期，实际上这种观点是错误的。最初的几秒钟，你会给人留下最深刻的印象，而且永远无法改变。

你也许在想：“OMG！五六秒钟？我还在担心会不会让我参加面试，我还在想拉链是否拉上了！这怎么公平？”

的确，生活是不公平的。工作面试是你职业生涯中的关键部分，所以你最好想想怎样才能利用好这几秒钟。

谢天谢地，你并不是一个人在战斗。

面试当天，我建议你像拍电影一样把从离家那一刻到回家的整个过程完整地在脑海中过一遍。这听起来有点匪夷所思，但它对你的面试秀十分有益，而且它应该是你放在心上的唯一一件事。如果你不去全神贯注地赢取面试官的赞赏，就不得不费尽力气去改变你给人留下的第一印象。

面试的九大建议

建议 1：30 分钟面试公司背景调研

你终于获得了一次面试机会，但你走进办公室之前，你必须要了解你申请的职位。然而，在你见到未来同事之前，怎样才能让自己看上去是这份工作的最佳人选？为此，我建议你做一次小型调研。

调研？没错，是调研。

简单来说，在你面试之前，你需要了解这家公司。在正常工作日，你可以短暂拜访他们的办公室，可以坐在车内也可以以闲逛的方式简单观察出入公司的人们。不过，千万不要戴帽子和深色太阳镜，不要把自己打扮得像个惹人生疑的危险人物。你只要举止正常即可。你可以手拿一杯咖啡，戴上耳机，让自己全身放松。现在，你可以观察那些即将要成为你同事的人，只需要半个小时左右就足够了。记录下他们的穿戴，看看他们是否背有挎包或双肩包。

面试的时候，你需要把穿着提升到更高水平。如果你的新同事们只穿白衬衫和休闲裤，你就应该穿一套笔挺的西装；如果他们背的是斜挎包，你就应该把你最漂亮的挎包背上；如果他们使用的是公文包，你也去找一个来。当然，你没有必要去买一个，面试之前找朋友或家人借一个就可以了。

无论如何，你都不要尝试炫耀你妈妈给你买的时髦服装。一定要穿一些看上去经典、优雅、低调的服装。不要穿运动装，而且服装的颜色不能太花哨，不该露的地方千万别露。

此外，在网站上花一点时间，看看这家公司是如何介绍自己的……从这些介绍可以看出他们希望自己的雇员也应该如此。大部分公司都在“公司简介”页面上将自己的特色列举得清清楚楚，即使没有办公室照片，也会有雇员信息。看看他们如何介绍自己，然后记录下来。

建议 2：踩点到？那你就输了

> 如果你提前到达，你就按时到达了。如果你按时到达，你就迟到了。如果你迟到了，你就没有必要出现了。
>
> ——文斯·隆巴迪，职业橄榄球名人堂教练

工作面试应该是你生活中最重要的部分。如果你还有其他优先选项，你可能就不是该职位的最佳候选人。雇主希望雇用忠于职守的人，而不会雇用那些毫无时间观念的人。如果你住的地方比较远，你应该早点出发，避免交通拥挤或公共交通混乱。“我的火车晚点了”是非常幼稚的借口，如果你这样说，你肯定会被人耻笑。

面试完以后，你还得给面试官留一个持久的好印象。如果你认为迟到没有关系，那就错了，他们会记在心上。千万不要认为你是这项工作的唯一人选。因此，如果你获得了机会，细节将决定你是否能抓住机会。

建议 3：学历高不如细节做得好

你参加过朋友聚会吗？在聚会上遇到你喜欢的人，你是否希望再次见到他？无论出于何种原因，这个人都给你留下了良好印象。但是，你给对方留下了何种印象？他们是否记得你太爱 K 歌？他们是否还记得你点播了 80 年代的糟糕电影？

没错，面试也是如此。当你离开面试官办公室，你需要自问："我是否给人留下了深刻印象？" 不管怎么样，在众多求职者中，你必须让自己脱颖而出。即使你认为你的学历是最好的，面试官也可能不会在意。那么，他们会记住什么呢？细节。

现在来看看你如何才能与众不同：在面试过程中，如果出现冷场，你可以评论面试办公室内的某一个物件。看见一张他划船时的照片？那就聊聊航海吧。看见办公桌旁有一个高尔夫奖杯？那就问问他多久去玩一次高尔夫球，或者在哪儿玩高尔夫球。看见孩子们或狗的照片？问问孩子们多大了，或者狗是什么品种。人们喜欢谈论自己的宠物和孩子，所以这绝对是一个缓解尴尬的好话题。选择一些个人话题，然后看看交谈的方向往哪儿延伸。只需要一个小小的问题或行动，你就会比资质相同但并不突出的求职者显得更有风度，更让人难忘。

建议 4：形象！形象！形象！

> 第一印象无论与新印象如何相左，前者都始终占据主导地位。
>
> ——伯特伦·加夫龙斯基，社会心理学家兼作家

虽然工作面试不是走红毯，但得体的穿着和专业技能都很关键。没有人会问你：“你穿什么牌子的衣服？”如果他们真的这样问，并根据你的回答做决定，你一定不会愿意在那儿工作。当然，如果你去面试一家时装公司，你身上的时装品牌可能的确会影响他们的决定。否则的话，只要你穿着得体大方，十之八九会帮助你应聘成功。

根据著名作家和社会心理学家伯特伦·加夫龙斯基的观点，你给人留下的第一印象是很难改变的：

> 假如你有一个新同事，你对他的印象不佳。几周之后，你在派对上遇到了他，你意识到他实际上是个不错的人。尽管你知道你的第一印象是错误的，你对这个新同事的本能反应会受到类似这种派对场合下新经验的影响。然而，你的第一印象仍将主宰所有其他场合。

坦率地说，我们是根据自己的第一印象来判断别人的。你还记得相亲节目上那个穿着“得克萨斯我最大”的T恤衫，上面有个箭头指向胯部的小伙子吗？“哦，他太吸引眼球了！”那么，职场世界也是如此。从本质上看，你的工作面试就像一次相亲，你能否获得面试官的青睐并让他们爱上你，完全取决于你自己。

因此，当你走进面试会场，你可以相信的是，对方在按照同样的方式判断你。这并不意味着你必须购买价值五千美元的西装，把自己打扮得像《GQ》或《VOGUE》杂志的封面人物。实际上，你只需要在出门前花点时间评估一下自己的形象。如果你是马克·扎克伯格的粉丝，你应该多花一倍的时间。

你穿上喜爱的拖鞋和拉链连帽外套，然后说“我是一个懒散的人，我喜欢随大流”，或者你是一个另类的人，认为穿西装会出卖你自己……事实上，如果你不去积极地给你的未来雇主留下深刻印象，你的形象就会像一个傻瓜。的确，扎克伯格可以不用管这些——他是一个亿万富翁，而且创立了革命性的公司。如果他愿意把自己打扮成一只复活节兔子，他完全可以那样做。可你不同，你只是一个想获得新工作的人，你当然不能像他那样做。

如果面试顺利，你会被雇用，无论是在办公室内还是在办公室外，你的形象都将代表你的公司，因此，你在面试时必须看上去像一个职员，而且需要向雇主证明你可以让他们变得更有活力。各行各业都有自己独特的风格，你在调研过程中将会发现这一点（参考建议 1），如果你适当关注这些行业特点，一定会给你的未来雇主留下良好印象。

你的穿戴传递出大量信息。它不仅可以展示你的认真态度、你对这份工作和面试官的尊重，而且还将展示你是否为自己的表现做好了准备。

——文森·鲁阿，克里斯托弗服饰公司创始人兼 CEO，职业服饰有限公司总裁

无论你的一身行头是便宜还是昂贵，当你出现在未来雇主面前时，你的衣服始终要熨烫整齐，保持笔挺、干净。提前选择你的面试服装，然后送至洗衣店熨好。千万不要在前一天晚上期待能在第二天早上为面试做好准备。那样时间太仓促了。社交礼仪不仅包括你的口头语言、肢体语言，还包括你的视觉语言。因此，如果你去参加工作面试，需要注意一些细节，如你的着装、体味、发型等。

参加工作面试时，你的发型、穿着会体现出你的气质。若是不修边幅、头发凌乱、着装不合适，都会透露你的诸多缺

点——不但生活中缺乏自律，做事没有条理，还可能不把雇主的工作当回事。

——普拉纳夫·沃拉，Hugh&Crye 服装公司创始人

我曾经有位同事，平时总是一副蓬头垢面的“艺术家”形象。不仅他的穿着，还有他身上的味道，没有一样是令人感觉舒服的——他的一身衣服总是皱巴巴的，就像一个发疯的人为了缓解压力用手揉过的一个纸团。没错，衣服经常会出现皱纹——尤其是在你坐汽车、乘火车或者背一个挎包时，经常会有皱纹出现——然而，如果你选择合适的面料，花点时间去熨平它，你未来的老板肯定会注意到的。

建议 5：与面试官保持眼神交流

我一生都在与多动症作斗争，我承认，我很难让自己狂野不羁的思绪停下来，而且很难保持眼神交流。然而，眼神交流非常必要。例如，当我在拍摄电视节目或者采访名人的时候，我必须确保自己全神贯注，并且直视我的交谈对象。在工作面试时，这一点尤其关键。说话时如果左顾右盼、坐立不安，交谈中夹杂一些毫无意义的口头禅（“比如”“你知道”“嗯”“我想说”等），就会让人觉得你不自在，而且不善表达。如

果你在他们面前感觉不自在，你就不可能会在客户或一大群听众面前举止自如。和你面前的人保持眼神交流是让你保持自信和镇定的最佳途径。

试试下面这种办法：下次与朋友一起去喝咖啡或者吃午餐时，数一数他们的目光离开你的次数。然后你就会明白，缺乏目光交流是让人非常恼火的事，让人很容易分神。与此同时，试试去数一数你朋友用口头禅的次数。我敢打赌，要不了几分钟，你就会数不下去了。一旦你开始关注这些口头禅，你就会发现，它们如此令人厌恶。

建议 6：过度自信是大忌

迄今为止，在即将到来的工作面试中，你可能犯下的最大错误是假定自己已经获得了这份工作。当你申请一个职位时，你并不能驾驭一切。你会想当然地认为自己是最聪明、最能干、最有活力的人，甚至以为你能打动整个世界。然而，你千万不要那样想。面试官不仅会看透你的心思，还会感觉你高人一等，有点过于盛气凌人。于是，他们可能认为你是一头自大的蠢驴。我敢向你保证，如果你自我感觉过于良好，往好了说，别人会觉得你很烦，往坏了说，别人会觉得你太傲慢。

专业人士观点

史蒂夫·艾伯拉姆斯

木兰蛋糕店的承包商兼 CEO

• • •

史蒂夫·艾伯拉姆斯很有毅力，我向他询问他的事业情况，很快我就意识到他的坚韧。他说："我从建筑业干起，最后进入杯形蛋糕这个行业。"的确，他最开始从事的是讲求实效的建筑开发生意，态度、论证、信心是建筑行业的规范。因此，当艾伯拉姆斯转型杯形蛋糕业并收购著名的木兰蛋糕店之后，他对工作场景和工作特性的改变感到非常开心。

我要说的是，杯形蛋糕给他带来了由衷的快乐。每次听到有人说："杯形蛋糕，是吗？"人们就会情不自禁地微笑。是的，我已经笑了！

艾伯拉姆斯说，无论他进入何种行业，与何种人共事，他都能够披荆斩棘、认认真真地干一番事业。其实很简单，寻找双方的共同基础，然后团结起来——当然，这些在工作面试或初步商务会议中非常关键。

我和一般人相处时感觉很舒服。如果你和某个人在他的办公室初次见面，你可以留意一下四周，很容易就能找到双方的共同兴趣。他也许有孩子，也许爱运动,也许获过很多奖。根据不同的行业性质，你可以尝试不同的方法。

艾伯拉姆斯说，尽管他可以很快适应任何环境，他忍受不了那些过于自信甚至自大的人。对于艾伯拉姆斯这类高管，随时都会有人来推销，你必须抓紧时间迅速做好应对准备。

我不会花40分钟看幻灯演示。一旦你那样做，我会拒绝你。告诉我你想干什么，然后去做。如果我不需要，我会直接说。你该有即兴介绍产品和服务的能力。如果你需要几十分钟的话，你要么把事情搞复杂了,要么把我弄糊涂了。如果有人介绍自己，我通常会让对方放下戒备，坦诚相待，不允许他们长篇大论。这样，我就不仅能了解他们到底是不是有随机应变的能力，还能了解他们如何应对逆境。

除了缺乏经验之外，你还可能太过自负。你必须愿意学习，把自己投入艰苦的工作中。这样你才能增长知识和技巧，学会与他人共事，这是取得成功的关键。

——乔纳森·莫纳甘，艺术家兼动画设计师

建议 7：喷香水别超过两次

你有过这样的经历吗？有人走近你的时候，身上的“香味”让你眩晕。这种人让我们唯恐避之不及。参加工作面试时也是如此，你应该用你的能力而不是身上的香味去征服在场的所有人。除了让老板关注你的简历外，不要让任何东西分散他的注意力，包括你身上的味道——无论是好味道，还是坏味道。

不过，千万不要误解。你绝对需要让自己闻上去还不错，但你应该注重技巧，否则会弄巧成拙，把自己搞得像浸泡在 CK 香水里一样香气熏人。一旦那样做，你的潜在雇主就会注意那种味道，然后就会想：“我绝不能让这种人去见我的客户。”他还可能有更糟糕的想法：“一旦我雇用他，每天都得忍受这种味道。”说到香味，你只需要喷一两下古龙香水或浓香水就足够了。在我看来，你甚至只需要在空气中喷点浓香水，然后在香雾中走一趟即可，这样一来，香水的副作用就会降至最低。

建议 8：别忘了说“完美结束语”

面试接近尾声时，你的第一次“约会”就要结束了。谁会主动提出第二次约会呢？有多少人会因为羞于问对方“什么时候还能再见到你？”而自责呢？面试即将结束时，你也面临同样的问题。如果你不努力争取第二次约会，你就会彻夜难眠，只能苦苦等待那个特别的人给你打电话或发短信——因为你不确信对方会不会那样做。因此，面试结束的方式如果不恰当，你就会陷入类似境地。

握手道别之前，你必须知道接下来会发生什么。你不必知道你是否能获得这份工作，但你需要知道的是，你什么时候能收到回复。这并不是一种无礼或粗鲁之举，这只是一种职业行为。芭芭拉·科科伦是这样认为的：

> 我喜欢礼貌、大胆的结束语，这是面试者赢得我尊重的最后机会。最完美的结束语应该是这样的：“我占用了你的宝贵时间，非常感谢。请问我什么时候能收到有关这份职位的回复呢？”如果我面试某个人，到了面试结束的时候，我没有告诉对方我什么时候回复他，那是因为在我看来他不够积极主动——对于任何工作而言，都是如此。即便这样，你也

要小心，不能太过于主动，以免产生相反效果。有一个撰稿人为我工作，搞写作的人常常十分内向，可是，面试之后，她却直接问我："我能得到这份工作吗？"对于有些人来说，这种问题非常粗鲁，我却因为她的直白而尊重她。这是面试结束时的重要问题，它说明"我尊重我自己的时间"。

建议9：亲手写封感谢信

在这个高度数字化的世界里，多数人认为发一封"感谢"电邮就可以应付一切。是的，那是最快捷的感谢方式，电邮的快速还意味着它是一种最容易、最符合期待的感谢方式。然而，在芸芸众生之中，你必须让自己显得卓尔不群，这也是我建议你大胆创新——手写一封感谢信的原因。在商业界，手写感谢信已经成为一种复古潮流。如果你收到一封这样的信件，就像你遇到一个家中收藏了一台古董唱机的人。

收到一封手写信后，对方会想："哇，我好多年都没有收过这种信了！"（也许他很久以前收到过。）而这种效果正是你所需要的。你需要引人注意，你必须从众多职位申请者中脱颖而出，并且证明自己花时间亲自写了一些东西。面试之后，任何人都可以在路上或车上敲出一封电子感谢信，但如果是一封手写信，你必须花费时间和心思才能写好，这样的信对收信人才有意义。此外，如果你发电子感谢信，你的收信人可能无法收到。我们再来听听芭芭拉·科科伦的看法：

> 人们认为，CEO或老板一定会收到你的电邮。这是错误的。多数情况下，我的助手帮我收发电邮。因此，她不会把某个人的“感谢信”转发过来，所以我永远不可能看到它。但如果你给我写一封手写信，它就会摆在我的办公桌上。这样你就会给我留下更深刻的印象。

如果没有自己的专用信封，你也不必担心。即便在普通明信片上亲手写几句感谢的话，也比常见的“感谢”电子邮件强很多倍。购买明信片时，坚持选择风格简洁的明信片，另外，你应该在面试当天寄送你的感谢信。收信人会看到邮戳上的日期，这样你在他们心目中就会得到额外加分。

专业人士观点

文森·鲁阿

克里斯托弗服饰公司创始人兼 CEO，职业服饰有限公司总裁

• • •

你应该让自己的穿着在别人心中留下深刻印象。在职场上，没有一成不变的穿着规则。它完全取决于不同办公室的具体状况。在办公室里，首要的穿着规则是你随时可以履行任何职责。如果你需要会见客户，也许客户会穿西装，那么你就要为此做好准备，你可以在办公室准备一套能与你的衣着相搭配的休闲外套。搭配的时候，你应该仔细斟酌一番。你可以准备一套深蓝色或黑色休闲西装，它们几乎可以和任何服装搭配。如果你是销售人员，你的穿着应该比预计的穿着档次高一档。如果预计对方会穿牛仔和T恤衫，你就穿熨烫平整的裤子或裙子，同时配上衬衣。如果预计对方会穿商务休闲装，你就穿休闲西装或正式西装。

现代礼仪专家小测验

你去参加一次工作面试，发现办公室里所有人穿的都是三件套西装，自己却穿了一套商务休闲装，你该怎么办？

A	B
崩溃！逃出办公室之后，为自己的失误尖叫、抓狂。	继续参加面试，为自己“不合时宜”的穿着道歉，让面试人员相信，一旦你能在这里工作，就会立即提升自己的穿着档次。
C	**D**
请求重新安排面试，从而让你做好更充分的准备。	十分自信，因为你已经在车上准备了一套备用的休闲西装/夹克，可以在最关键时刻派上用场。

答案：D

我建议你随时准备一套备用服装。你可以在车上准备衬衣、休闲西装、裤子或裙子备用（获得工作之后，你还可以在办公室内准备一套）。选择中性色调的服装，如黑色、灰色或深蓝色。参加大型会议之前，你也许会把衣服弄脏或刮破。此时，如果你有备份，你就可以镇定自若。

工作面试时，不宜为你的错误着装道歉。你对自己的着装错误考虑得越多，他们就越在意。不仅如此，面试的重点也会从你的能力转移到你的错误上。无视自己的错误，继续参加面试吧。

现代礼仪专家的面试工具箱

准备替换的服装。随时准备一条裤子、一件衬衣、一件休闲西装，一旦你的衣服沾上污渍或者天气变坏，你就可以把备用衣服拿出来穿上。把这些备用服装折叠整齐，存放在你车子后备厢里或袋子中。

随时准备一只手袋。如果你是女性，带手袋很方便。对于女性而言，带上装有必需品的手袋几乎已经成为一种标准。对于许多男性而言，情况则完全不同。然而，无论你申请何种工作，参加面试时，你都应该随时准备一个公文包或斜挎包。如果没有这种包，你可以向朋友或家人借一个。确保你的袋子外观良好，千万不要带那种你在大学图书馆睡觉时拿来当枕头而压皱的学生包。背上合适的包不仅让你看上去更专业，而且还可以把你的钱包、钥匙、文件、手机等全装进去。这样你就不会像去电影院时，口袋像塞满了零食一样鼓鼓囊囊的。否则的话，你的“业余”会让人感到惊讶。

准备一些好闻的香水。是的，我说过不要喷太多的古龙香水，但如果你在炎炎夏日走过十个街区去参加面试，你身上的味道可想而知……为了避免身上强烈的汗味令人反感，你必须准备一小瓶旅行装古龙香水，而且随时在手袋中放一些除臭剂。

准备口香糖。我想，任何人都不会说："哇，那个人的口气让人陶醉！"但我可以保证，你肯定说过某个人呼出的气味不好闻。因此，你应该随时准备一些让口气清新的口香糖或者薄荷糖。不过，千万不要边嚼口香糖边进会议室。你可以在参加面试前5分钟咀嚼口香糖，进入面试室之前，你应该把它扔掉。

手写感谢信。手写感谢信可以让一个候选人从"待定"转为"确定"。参加面试前，你可以带一张信笺纸和一个贴好邮票的信封。面试结束后，写一封感谢信，或者填写一张明信片，当天就把它邮寄出去。这样一来，你的面试结束后的一两天内，面试官就会收到这封感谢信，它会进一步加深你给他留下的良好印象。

成功始于上班第一天；你的一万小时有没有用，上班第一天的表现说了算。

2

让上班第一天成为你的“制胜日”

为什么上班第一天是工作中最重要的一天，
而且是最后一次自我展示的机会？

上班第一天的表现决定你的前途

每天尽忠职守地工作八小时，你最终会成为每天工作十二小时的老板。

——罗伯特·弗罗斯特，作家兼诗人

无论我把这个故事讲给谁听，我要讲的内容都是一样的。很多刚刚大学毕业的人，要么一头扎进新工作中，要么几个月之后才能“找到自我”。刚开始工作时，他们激情洋溢、干劲冲天，试图降服整个世界。晚上下班后，他们必然会筋疲力尽地躺在沙发上，开始思忖：自己这一天到底在忙些什么？

我这么说可不是为了吓唬你——好吧，也许是有点吓人。不过，这是你第一天上班的现实。你可能会想，你了解这家公司的一切——毕竟，你曾经是它

Facebook 上的粉丝——但你在工作面试时的所见所闻大多是公司的一种展示。当然，他们不是在掩盖什么，但面试是为了“认识你”，而不是为了告诉你“工作的真实面貌”。这就是为什么你在刚开始接手新工作时会有一种揭开庐山真面目的感觉。有时候，你甚至会对新的工作大失所望。

我不知道你是否会有这种感觉。不过，毫无疑问的是，在你上班的第一天，当你走进公司办公室，坐在一个新工位上开始办公时，有时候会感到茫然，只能无助地盯着电脑屏幕，心想:“现在我该怎么做呢……”

别担心。我曾经多次体验过上班第一天的疯狂经历,因此我告诉你，你没有必要提心吊胆。你将安然无恙地度过第一天，不用担心第二天就被炒鱿鱼。

在这一章，我会为你介绍第一天上班可能遇到的几种情景，然后传授一些成功应对它们的小窍门，从而让你显得更加出类拔萃。无论你在哪里工作，无论你为谁工作，你第一天上班更像一次不断爬坡的远足，而不是在红毯上走秀。当然，这种遭遇不会太糟，但和任何新事物一样，它必然是一种挑战。你会遇到各种问题，但与其说它是一次难以忍受的“系统过载”，不如说它更像一次“系统更新”。你也许会在办公桌前不知所措，你也许会喊错新老板的名字，你也许会在电话上卡壳，你也许会把咖啡洒在自己的新裤子上，为了提前应对这些意外，你一定要读一读我为你制定的“工作第一天的行为准则”。

专业人士观点

迈克尔·温斯顿

斯奈普饮料公司前 CEO 兼乐啤露公司首席运营官，绰号“饮料大王”

• • •

上班第一天，你必然处在聚光灯下，因为你是一个“新兵”。作为这个公司的新人（职位很可能较低），无论你是男是女，你都要提起十二分的精神，决不能让上班第一天变成最后一天。

迈克尔·温斯顿是斯奈普饮料公司的前 CEO，同时还是乐啤露公司的首席运营官，他对公司新人情况十分了解。1972 年，温斯顿在百事可乐获得第一份工作，在他此后的职业生涯中，他为饮料行业带来了革命性的变化。通过采访温斯顿，我从他那儿了解到许多实现商业成功的秘诀。从他的眼神中，你可以看出他是一个热爱冒险的人。多年来，他帮助公司创造出各种令人赞叹的美味饮品。温斯顿从不隐瞒自己的观点，他非常了解哪种行为可能让你丢掉工作：

在斯奈普公司，有传言说我严格要求员工按时上班。事实上，我的办公室可以俯瞰整个停车场。有时候，人们会把车停在远处，然后从后门进来，以为这样我就不会逮住他们。可是，真相不是这样的。看到那些每天迟到的人，我会努力克制自己的愤怒。他们每次迟到都有借口，比如“我住的地方太远，路上堵车”或者“孩子的校车迟到了，我必须等校车”。对于那些经常以交通为借口的人，我会说：“如果你每天都遇到堵车，也许你应该意识到，只要你早点出发，你就不会迟到。”对于那些以照顾小孩为借口的人，我会建议他们改变上班时间（相应地也改变下班时间）。如果你想建立一个团队，所有团队成员就必须遵守规则，否则大家根本无法做到步调一致，这一点非常重要。

去新公司上班，第一天不仅是你新工作的开始，也是双方互相了解的起点。一旦迈进公司大门，这一过程马上就开始了。在工作中，你不可避免地会遇到个性各异的同事，他们将挑战你的耐心。但正如温斯顿所言：

> 你不仅需要找一份你热爱的职业，还需要找一家适合你的公司。就像不同的人有不同的性格，不同的公司也有不同的性格。有些公司令人厌恶，有些公司充满热情和关爱，有些公司低调消极，还有些公司积极进取……如果你的性格和公司性格非常契合，你就会获得最大的成功机会。

成功始于上班的第一天。如果你不这么认为，或者只把第一天当成欢迎会，你就大错特错了。

在企业界，你需要在“融入其中”和“出人头地”之间不断保持平衡。作为团队的一员，你需要做出贡献，但也需要让人了解你在认真工作。无论是首次参加项目，还是首次接受任务，你都应该出色地完成它。在与同事或上司初次打交道的过程中，你的职业道德、工作能力、全部价值都将迅速得到检验。你必须全力以赴地完成第一项工作，因为它将决定你在后续项目中影响力的大小。

——普拉纳夫·沃拉，Hugh&Crye 服装公司创始人

上班第一天的九大建议

建议 1：守时很重要，提早更加分

迈克尔·温斯顿写过一个剧本标题——守时很重要，而且还有许多类似的内容。事实上，人们严重低估了按时上班的重要性，不仅如此，迟到很容易惹人生气。如果你上班迟到，你几乎是在告诉那些等你的人，你的生活比他们的生活更重要。迟到是一种无礼的行为，是缺乏职业道德的表现，也是给人留下不良第一印象的最快方法（请参考第一章）。

上班第一天，你应该早到。当然，你没必要像那些十几岁的孩子，提前支起帐篷，排队等候《暮光之城》首映，但我强烈建议你在规定的上班时间之前到达公司。如果公司规定上午 9 点开始上班，你应该在上午 8：45 左右到达。没有任何理由不做到这一点。如果去得太早，你可以去附近早餐店吃份早点，或者在公司楼下用手机上会儿网。

为了确保能按时到达，我建议你在上班前实地测试一次。就像你正式上班那样，起床后迅速做好各种准备，然后按时出发，看看你是否有充足的时间准时到达公司。注意交通状况、可能遇到的意外，然后调整你实际需要的上下班时间。这样一来，你上班第一天就不会在惊慌中起床，也不会咒骂挡住你道路的陌生人或者混乱的公共交通。

上班早到可以向你的上司证明两件事——而且会产生积极效果：

1. 你尊重这份工作。
2. 你是一个负责的人（换言之，他们可以信赖你）。

简单地说，守时是每个经理或 CEO 都重视的一种品质，尽管他们可能不会直接指出这一点。就像你的女朋友说，她不喜欢生日礼物。如果那样，她一定是在说谎。事实上，她想要一份礼物，只是不想说出来而已，她希望你自己看着办。

建议 2：多交流也是一种友善

去新公司上班的第一天，你应该举止优雅，保持风度。我并不建议你在会议室开会时侃侃而谈，也不建议你表演自创的单人秀，或者发邮件邀请同事下班后共度欢乐时光，我要建议你的是，一定要待人友善。即便你不是一个外向的人，你也要努力让自己变得外向一些。千万不要害羞，你最好随时准备好和新同事聊一聊。

你第一天的工作会给人留下非常重要的第一印象（参考第一章），同时也是向你即将加入的团队展示自己的最佳机会。当你走进办公室的那一刻，所有人都知道你是一个新人。当你转动目光时，脸上不要露出扬扬自得的笑容，也不要对人不理不睬，只顾低头看地板，或者一直看自己的手机，否则同事们会认为你粗鲁无礼。一旦你做了这些无礼举动，他们也会以其人之道还治其人之身。

建议 3：“没问题”仨字挂嘴边

我仍然记得我的同事艾米曾对老板说自己没法加班，因为她晚上要去上单车运动课。我完全赞同你去健身，但如果你对老板说，你不能加班是因为你要消耗你身上的卡路里，那你就犯下了大错。在职场中，你可能会错过派对、聚餐，当然，你也会错过你的单车运动课，因为你的首要任务是完成你的工作。工作是你生活的一部分。话说回来，你不一定非工作不可，但工作是你的谋生手段，你应该时刻为它做出奉献，这样你的口袋才能鼓起来。

如果你获得了一份新工作,你必须做出某些牺牲。如果你对老板说，你无法帮他排忧解难，那么你的责任心（或者缺乏责任心）就会暴露得一清二楚。我承认，你的老板不是你的主人，他不能占用你的时间，但分清主次是关键。如果你晚上有重要安排，那么先考虑自己的事理所应当，可单车运动课或者约会显然算不上重要的事。如果你的确不能加班，你应该向老板充分说明理由（比如，有亲友去世），然后最好在你下班离开前竭尽所能地完成自己的工作。

如果你说自己无法为工作付出额外时间，这就等于在告诉别人，你是一个没有团队精神的人。对于你的事业而言,这是一种可怕的开端。如果这是你的第一份工作，你不仅需要为自己赢得升职资本，还意味着要让自己尽量显得平易近人。当然，平易近人并不是让你召之即来，或者让你模仿电影《穿 PRADA 的女王》中的人物风格，但你一定要积极向上，不断超越自我。

在你上班的第一天，你要让老板和团队明白，你是一个乐于助人的人。如果有人希望给项目找个帮手,你应该主动表明乐于帮忙的意愿，从而让自己成为一个更富责任心的人。也许你会反对这一主张，担心你会成为每个人都来踏上一脚的蹭脚垫。但在刚开始工作的前几天，你肯定不会面临那种风险。在未来工作中，你有大量的时间说“不”，而同事们也会尊重你的决定。但如果你从一开始就不愿帮助你的团队，他们绝对不会指望你能完成更大的项目，老板也不会让你承担更大的责任，如此一来，你就不会在公司崭露头角，也就不可能获得升职、加薪机会。现在明白我为什么让你平易近人了吧？如果你在上班第一天收到同事和雇主的任何帮助请求，那么，你应该理所当然地回答说“没问题！”

最有可能的情况是，上班第一天你不会被沉重的工作淹没。你也许一整天都在想，你接手的是什么工作，你的角色到底是什么。如果发现自己无事可做，你可以去帮助你的团队成员，但不要去问那些和自己职位无关的人是否需要帮助。如果你在市场营销部门，不要向办公室经理、实习生或会计人员询问你该做什么工作。相反，你应该去找你的团队同事，然后紧跟在他们身后，照着他们的方式做事。即使你无所事事，也不要坐在工位上玩手机、看视频。在职场中，总有大量工作等着你去完成，有时你必须主动出击。在给自己的团队同事提供帮助的同时，你也会从中学到有关新职场动态的宝贵经验，而且你最好尽早了解这些动态。

建议 4：牢记，公司厨房不是你家的

不要吃公用冰箱内其他人的食物……不要把自己的食物一直存放至发霉。

——迈克尔·温斯顿，斯奈普饮料公司前 CEO 兼乐啤露公司首席运营官

我曾在配有最新式厨房的办公室工作过，也曾在冰箱破旧、微波炉锈迹斑斑的办公室工作过，我敢打赌跟 20 世纪 80 年代用过的老旧产品没什么两样。然而，不管你的公司厨房样式如何，面积多大，它不可避免地会成为大家聚会和聊天的场所。事实上，有时大家在厨房里也会聊聊本职工作。和任何聚会场所一样，这里也是大家吐槽各种失礼行为最多的地方，因此，无论如何你都要避免做出失礼的举动。不知出于何种原因，人们使用冰箱和微波炉时最易染上坏习惯。为了确保你不会成为别人嫌弃的对象，最好小心谨慎。

首先，我们应该清楚一件事：冰箱的尺寸很重要。

你明白我的意思吗？千万不要误会！

一般而言，冰箱只有六英尺（约 1.8 米）高，三英尺（约 0.9 米）宽，所以你不能把任何东西都塞进去。例如，你不能把圣诞节吃剩的一大

盘火鸡塞进办公室冰箱。你也不能独自占用整个食品架，你只能占用其中一小部分。解决这个问题最简单的方法是只放自己能吃完的一份，不要像参加“顶级厨师大赛”那样给自己准备豪华的午餐。

有关冰箱的另一个重要问题是，人们经常会忘掉自己在冰箱里放了什么，或者因为懒惰而不去清理它们。于是，只能在冰箱里存放两天的金枪鱼沙拉已经滋生出黄绿色的霉菌，而且还在不断扩大它们的殖民地。这并不是《囤积癖的故事》中的情节——如果食物存放太久，只能将其扔掉。如果有人扔掉你吃剩下的夹肉面包，你不要感到惊讶，因为你的面包早已长满霉菌。

冰箱还有一个备受诟病的小伙伴，就是蜷缩在角落里的侏儒——微波炉。说到恶劣的卫生状况，微波炉的情况同样让人感到糟糕。最让我无法忍受的是，有人会往微波炉内塞满食物，一直把它撑到像一艘正在下沉的船。如果微波炉中有残留食物，可能会导致对健康有害的涟漪效应[1]。热汤时，如果加热时间过长，汤水就会溢出来，所以，你一定要把微波炉内溢出的食物残渣清理干净。为此，你可能会耽误同事们使用微波炉，让他们等待更长时间，于是他们就会抱怨：这个新来的同事做事可真慢，以后有的忙了。

[1]也叫“模仿效应”，由美国教育心理学家雅各布·库宁提出。其定义是，如果有人看到有人破坏规则，而未见对这种不良行为的及时处理，就会模仿破坏规则的行为。

我知道你也许很少听到这种抱怨，但微波炉绝对不是你的专属灶具。你看见身后等候的长队了吗？“瞧啊！戴维在加热他的意大利面条。他那笨手笨脚的样子真够呛……”午餐时间非常宝贵，每一秒都必须珍惜，使用微波炉时也不能浪费大家的时间。因此，放进去就拿出来，别把食物溅得到处都是。如果你把午餐放进微波炉，半小时之后才想起来要把它拿出来，其结果是，你会成为害大家都等待的讨厌鬼。

另外，你最好谨慎选择带入办公室厨房的食物种类。每个人都有自己的口味，但你必须考虑其他人的感受。如果你带来的午餐味道太过强烈，你的同事反感和抱怨这种味道时，你不应该对此感到惊讶。记住，味道令人反感的食物不仅包括鱼类和肉类，还包括爆米花，尤其是当你把爆米花烤煳的时候，散发出的味道更让人难受。用微波炉烹饪一些中性味道的食物是对同事的最大尊重。另外，还要注意有人可能严重过敏，有味道的食物可能会导致他们产生过敏反应。我想，你不希望因为用微波炉热什锦饭而让艾伦产生过敏性休克吧？

专业人士观点

罗布·塞缪尔斯

美格波本威士忌公司首席运营官

• • •

我一边喝着美格波本威士忌，一边浏览一本名为《波本威士忌大使》的书。这本书装帧精美，讲的是关于美格波本威士忌的故事。罗布·塞缪尔斯把这本书当作礼物送给了我，这让我太感动了。我从内心钦佩罗布的事业以及他取得今天成就的方法。诚然，波本威士忌是家族企业，我相信多数人会认为罗布生来就有工作，但美格波本威士忌不是这样的。实际上，罗布经过多年打拼之后，才成就了他今天的美格波本威士忌事业。

我父亲对我说，如果我对这一行感兴趣，就应该离开肯塔基州，去其他公司工作。因此，我按照他的教导，在其他公司工作了十一年。我在肯塔基州和波本威士忌之外的公司积累了工作经验。2006年，我回到家，受到家人的热烈欢迎，那种感觉棒极了。我不想让父亲觉得，他不得不雇用自己的儿子。

离家十一年后，罗布带着经验和自信回到波本威士忌，准备加入他们的家族企业。上班第一天，他早早起床，精神抖擞地来到公司，准备接手新的职位。他一边走，一边向同事们招手致意，最后来到他父亲的办公室……然而，当天早上他就被解雇了。

> 这是我的真实经历：我第一天去波本威士忌上班时，一大早就从床上爬起来，穿戴整齐之后，走进一间和杂物间差不多大的办公室，我父亲端着一杯咖啡走过来问我："你回来了，现在有什么好主意吗？"这个问题让我措手不及，我只好胡乱回答说："我认为我们应该在电视上做广告。"结果，我当场就被解雇了。

罗布当时惊呆了。这是在考验他吗？他不该获得这份工作吗？

这颗重磅炸弹爆炸后不久，他父亲又重新雇用了他。他从中得到的教训是，他随时都应该做好行动准备。你没有捷径可走，没有停歇的机会，也没有任何优势——即使你是老板的儿子。

建议 5：偷懒别越界

我是工作日茶歇的坚定支持者。茶歇不仅可以帮助我们减压，还可以提升办公室士气。无论是绕着办公楼走几圈，呼吸几口新鲜空气，还是花几分钟晒晒太阳，给朋友打个电话，或者抽根烟提提神，都是办公室生活中必不可少的部分。

我可以肯定地说，是茶歇帮我熬过了毕业后的第一份工作。当时我所在的公司附近有家星巴克。最初，我并不是一个咖啡爱好者。然而，每当我路过那家咖啡店时，迷人的咖啡香气都会吸引我驻足。随着我对咖啡的热爱与日俱增，我心里就越发厌恶自己的那份新工作。因为我不抽烟，而且我们也不被允许外出打电话，于是咖啡店便成为我清醒头脑的唯一去处。

一开始，只有我一个人沿街道走到那家咖啡店买咖啡，后来，我的同事们纷纷加入我的行列——他们也和我一样压抑——加入我是为了享受片刻难得的时光，暂时抛开令人发狂的工作。短暂的咖啡时光让我们感到十分珍贵。但时间久了，它也衍生出了许多问题。

如果茶歇时间使用不当，也许会给你带来不良后果。“嗨，今天下午有人看见肯恩了吗？”事实上，吃过午饭后，肯恩一直躲在车内呼呼大睡了三个小时。这显然违背了茶歇时间的初衷。在实际放假之前，你的老板是唯一决定你茶歇时间长短的人。

茶歇时，尤其是作为新人，你绝对不要利用它来偷懒。相反，你最好明智节俭地利用这段时间。不管怎样，你的主要目标应该是完成工作。要知道，办公室里的同事始终会以批判的眼光看待你，如果工作时间很紧，你却和朋友们在外边制订周末休闲计划，你就会受到不必要的关注，它肯定不会给你带来奖励和加分。

建议 6：别乘电梯，走楼梯

还有什么会比在公共场合失礼更糟糕的事情呢？是的，密闭空间内的不良习惯！如果你有幽闭恐惧症，第一天上班时，你最好爬楼梯，因为乘坐公司电梯就像参加一次隐蔽电视秀，人们总是表演各种怪癖。有的大声打电话，有的来回踱步，像是一个密谋什么的怪人，有的手中提着刚用微波炉热过的鱼肉三明治，老远你就能闻到它那令人难忘的味道……在电梯中，你会遇到你永远不想再见到的各种人。

如果乘坐电梯，电梯铃一旦响起，你马上就会意识到，你要去的楼层已经到了。可为什么总是有人拼命往出口挤呢？众所周知，大部分电梯门都装有运动传感器，只要把手指放在门框上，电梯门就不会关闭。在人群中挤来挤去是最不礼貌的行为，更糟糕的是，有些人乘坐电梯时，只顾横冲直撞，即使不小心碰到了女士和儿童，他也不愿开口说一声“对不起”。

你在电梯上还会遇到另外一种讨厌鬼——“抖动爱好者”。我从小患有多动症，虽然一直在设法克服，但有些症状还是会表现出来。每当我坐在桌子旁，我的一条腿就会不自觉地来回摇摆。我知道，这有点让人讨厌。站立时，我的身体会左右摇晃，这同样让人恼火。但在乘坐电梯时，我可以轻易控制住自己。我不明白，为什么有人会像杰克·鲍尔[1]一样不停地来回踱步？难道也要像他一样焦急地等待电梯开门，然后迅速冲上二十楼去拆除炸弹，解救所有人？你只需要站立不动，保持十秒，然后你的楼层就到了。这样一来，每个人的电梯之旅都会变得更加舒畅。

建议 7：洗手间“四不宜”

使用公共洗手间可能会冒很大的风险——如果在工作场合，这种风险会翻倍。如果你愿意冒险，就会发现，洗手间的卫生令人作呕。如果没有必要，你绝不愿意在那儿多待一分钟，甚至一秒钟。事实上，

[1] Jack Bauer，美剧《24 小时》中的主角。

许多人都对公共洗手间感到恐惧，千方百计地想要避开它们。然而，有些人竟然会把办公室洗手间当成自己的私人空间。

无论你选择硬币的哪一面，办公室洗手间内这四件事情可能会让你失礼：

在洗手间聊天

有人在洗手间隔间内大小便，如果你贸然上前交谈，可能会严重侵犯对方隐私。如果你是小伙子，肯定忍受过有人一边撒尿一边和你聊个不停的尴尬。女士们也曾对我说，有人喜欢站在洗手间门口和别人聊天。这种爱好真是匪夷所思！

你上洗手间时，如果有人试图和你聊天，你可以通过“嗯嗯……”或“好好……”之类的回应来减少交谈的可能性，让对方知道你对聊天不感兴趣，他最后肯定会明白你的意思，然后尴尬地离开。

用完后不处理

与洗手间聊天类似，还有一种最让我难以忍受的情况——有人会成功“避开”马桶、盥洗盆或任何其他用于承接液体的器具，而且事后也不加以清理。当我带四岁女儿使用公共洗手间时，我觉得自己仿佛变成了一个军事训练官：“别碰任何东西！”如果有一天她需要接受心理治疗，一定是因为我把公共洗手间里的一切当成了三叶毒藤[1]。倘若如此，我也只能顺其自然了。不过，她将来会感谢我的，因为她不会感染有毒细菌。

上班时，我每天都要使用洗手间，到了傍晚，我更离不开它了。但我经常发现自己竟然站在一滩尿液上。太让人恶心了！不仅如此，每当我洗手时，我的衬衣袖子总会被其他人溅在洗手池周围的肥皂泡打湿。实际上，他们只要用纸巾擦一擦，这种问题就迎刃而解。

当然，我绝不是要你去当清洁工。我的意思是，如果你把坐垫弄脏了，你应该把它擦干净。你只要把它快速擦拭一遍就足够了。盥洗池也是如此，用纸巾擦拭几下就干净了。

“解决”后不洗手

如果有人上完洗手间不洗手，我一定会把他痛骂一顿，就像制作说唱专辑一样，把他骂个狗血淋头。每次我上完洗手间洗手时，总能透过镜子看见有人拉上拉链直接走出去，华丽地避开洗手盆。有一次，我在健身房锻炼，亲眼看见一个人戴着举重手套小便，完事后他根本没有洗手。看到那一幕，我差点崩溃了。（如需了解更多，请参考第四章。）

[1]一种分布在北美和澳洲的植物，有致敏性。

打电话

就像不洗手一样，在办公室洗手间用手机时，得体的礼仪和“天啊，不要！”之间也存在一条细微的分界线。这条界线如此微妙，以至于当你想仔细看时，它却消失不见了。这种情况和我曾经见过的一次失礼十分相似。

有一次，我去办公室洗手间洗手，其中一个隔间突然传来震耳欲聋的声音。结果怎么回事？有人一边蹲马桶，一边欣赏电影。据我猜测，那应该是一部动作电影，里面充斥着咒骂声、刺耳的刹车声、激烈的射击声。天哪，这家伙竟然在办公室厕所隔间内惬意地看电影，就像在自己家里一样放松。

是的，你可能对此感到恶心。你在家怎么做是你自己的事，但如果你在办公场合——或者公共场合——在洗手间内安营扎寨般地欣赏电影或音乐，就会严重违反礼仪准则。不用说，我不想待在一旁去了解电影中有谁、发生了什么事、枪口正对准谁。

如果你上班使用洗手间时忍不住想玩自己的智能手机，最好不要把声音开到震耳欲聋的地步。事实上，你不应该打开音量，而应该把手机设为静音。这不是一种可选项。

“嗨，你相信有这种人吗？他中午就想要文件！瞧这个……多新鲜！”

建议 8：第一次会议，自我介绍不宜话多

在我辞掉自己第一份灾难般的工作后，我选择了逃离，后来又在另外一家公司得到救赎。第一天上班时，我和我的三十个团队成员参加了一次集体会议。因为我是新人，为了表示礼貌，我提前五分钟到达会场。刚到时，我一个人也不认识，于是我向后来的人挨个介绍自

己。不一会儿，会议室就坐满了人，最后一位参会者进来时，她盯着我，大声说道：

“他是谁？今天是‘带孩子上班日’吗？他是谁的孩子？他多大了？”

她的语速飞快，听上去非常兴奋。会议室内其他人都沉默不语，气氛陷入尴尬。更为讽刺的是，她丝毫没有故意那样说的意思。这是她的一贯风格：嗓门大、语速快，似乎害怕别人听不见。当她发现自己弄错了之后，她窘极了。从我个人角度来说，我不能指责她犯的错误，因为我虽然已经二十四岁，但看上去只有十八岁。尽管我留了一头霹雳发，穿了一件还算得体的衬衣，却仍然无法改变人们的看法。我看上去完全像一个同事的孩子，因为我是团队中最年轻的成员，和其他人相差了二十岁。

这是一个令人尴尬的开始新工作的方式吗？

当然！

然而，那一刻的尴尬实际上却是一件打开僵局的法宝。我在做自我介绍时，感觉十分轻松，而且给人留下了更难忘的印象。我当时只是笑了笑，然后礼貌地纠正了她的错误。我的从容缓解了紧张气氛，其他人都轻声笑了，事情很快就过去了。

不可否认的是，得到一份新工作后，当你首次参加会议时，你必须尽量展示自己。假如你没有在第一次办公室大型会议上像我一样被人误解，又假如你的第一次会议是正常的，那么你在这次会议上的主要任务便是介绍自己，让自己融入办公室文化，同时了解最新的业务发展情况。最关键的是，你必须展示自己是这个团队中的一分子。

怎样才能做到这一点？它始于你走进会议室的那一刻。当你进入会议室，你应该友好地向周围人介绍自己。握手、微笑，然后主动和人聊天，同时准备上台做自我介绍，最后等待老板开口说：“各位，今天有位新同事加入我们……”一定要想好自我介绍时该怎么说。当大家的注意力都集中在你身上时，你说话不能结巴，也不要像车灯前的小鹿那样慌乱。准备一些简单的句子，比如“嗨，我是某某。很高兴认识大家，很荣幸有机会与大家共事”。自我介绍完之后，回到自己的座位上继续参加会议，注意会议信息和会议室内的各种动态，不要插话。因为你是新人，所以你不可能提出任何有价值的建议……因此，你的工作是多倾听、多学习。

不要以为自己拥有了这个职位，做事就可以失去分寸。有人可能会来搅局，这并没有什么错。这里还涉及一些人际关系技巧。如果你是公司里等级较低的职员，你待人处事时应该彬彬有礼、小心谨慎。不要想当然地认为冰箱中那袋 Kisses 巧克力是免费的。人人都有领地意识，没有人喜欢新人侵入自己的领地。

——本杰明·奥古斯特，编剧、制片人、选角导演

建议 9：下班前，记得和领导道别

你已经安然度过了第一天，参加了第一次办公室会议，而且很可能没吃冰箱里的坏午餐。现在，你该为这一天整理一番，准备到下班时间就回家，对吗?

错了。

是的，大错特错。

尽管你已经完成了自己的工作，尽管因为你无事可做，一整天都趴在自己的新工位上无聊地打发时间，你仍然应该等待其他人离开之后再离开。如果你过早离开，说明你是按自己的时刻表处事，而不是关心这份工作。并不是说，任何想法都不能有，但你要记住，你还无权决定什么时候离开。话说回来，你怎么知道什么时候离开合适呢?

当你第一天甚至第一个星期下班离开时，你应该随大流。留意一下团队同事下班时是怎么做的。他们是不是都在同一时间下班？是不是有人还在加班，或者有人早就离开了？为什么会是这样？你怎么做

才合适？因此，你应该特别注意下班时的办公室动态。在你第一天下班前，无论如何你都要去一趟老板的办公室，与老板道别。将自己置于老板的关注范围内，同他保持联系，然后聊聊你第一天的工作感受，这样做绝对是一个好主意。这说明你是一个负责任的员工。当然，这样做，你就不会因为“刚到点”就离开了办公室而给老板留下一个坏印象。

现代礼仪专家小测验

你刚刚获得一份新工作。当你走到自己的办公桌前，突然意识到自己不仅无事可做，甚至不知该从哪儿开始时，你接下来该怎么办呢?

A	B
坐回自己的办公桌，跷起二郎腿，开始享受不用干活的幸福时光。	向你附近的同事抱怨:“有人能告诉我一声我到底该干什么吗?”
C	**D**
适应工作场所，然后走进老板办公室，告诉他你来了，同时了解一天的工作细节。	整个早上都在忙着整理、装饰办公桌，从 Facebook 上打印你朋友的高清照片，然后贴在周围墙壁上。

答案：C

第一天上班时，你最好去见见你的老板。如果他不在办公室，就给他发一封邮件，让他知道你来上班了。如果你还没有确定办公电邮，可以使用你的私人邮箱账号。总之，必须完成首次联系。多数情况下，有人会在公司等着你，然后把你领到工作岗位上，但如果你被单独留下，不要保持沉默，你应该向大家做一次自我介绍。

现代礼仪专家的初次上班工具箱

打破僵局。第一天上班就像经过几个月约会之后终于要见丈母娘。因此，很可能会有人走过来认识你，你必须一遍又一遍地介绍自己，但你可能记不住对方的名字。事实上，即使是一个只有五间办公室的公司，你也无法记住所有同事的名字。因为你太紧张了，根本没法记住他们的名字。我建议你做一些有趣的准备，比如在胸口贴上“你好，我是……”有点蠢？也许吧，但它会告诉人们，你是个幽默的人，还能帮你打开僵局。

装饰工位。如果“你好”胸贴对你来说过于招摇，你可以想办法把自己的新工位装扮一番，让它变得更加舒适。为了更好地告知其他人你在这儿工作——反过来，这说明你已经是团队中的一员——你还可以把自己的工位装扮得更个性化一点，可以摆放一些书籍、照片、办公用品。如果你把办公桌装扮得舒适漂亮，你同时也是在告诉别人，在这里感觉很愉快，而且已经准备开始工作了。另外,照片是很不错的聊天话题。当然，你应该在下班后再去做任何装饰，这样你才不会耽搁工作。

带几本书。我的朋友巴尔提摩·约翰·沃特斯曾说过：“如果你和一个没带书的人一起回家，千万不要搭理他！”虽然有点失礼，但这种做法仍然是对的。不过，我并不是在暗示你应该根据书籍数量选择伙伴。我想说的是，你不应该和那种不重视知识的人交往。同样的道理也适用于你在工作中如何表现自己。如果你希望别人信任你和你的专业技能，你最好每天提醒他们。其中一种提醒方法是在你办公桌书架上摆放大量的工作领域的书籍。这些书籍不但能说明你对工作认真负责，勤奋好学，还说明你在遇到不懂的问题时，善于查阅资料。不管怎样，还有什么装饰会比书籍更好呢？

随身携带记事本。无论是去谁的办公室，去参加何种会议，你都应该随身携带一个记事本和一支笔，毕竟好记性不如烂笔头。如果两手空空地去参加会议，你会给人留下未做任何准备、一点儿也不专业的印象。另一方面，如果你总是随身携带记事本，这说明你重视别人的想法，会把这些想法视为金玉良言。打从上班第一天起，你就应该让同事知道你是一个尊重同事、尊重上司的职员，而且愿意从他们那儿学到更多的东西。

寻找伙伴。上班第一天，我强烈建议你寻找一个热心助人的伙伴，请他带你了解公司情况，帮你寻找一些办公必需品，为你介绍公司的运作方式，甚至带你去餐厅吃午餐。你千万不要成为令人讨厌的新人，不要一而再再而三地走进老板的办公室，向他询问一些非常琐碎的问题，比如，“我应该在哪儿领取电脑？”“我如何获得技术支持？”“传真电话在哪里？”等等。第一天上班，你一定会不知所措，但如果请你的新伙伴帮忙，你可以减少许多困惑。

远离『坏同事效应』，一万小时都用在刀刃上……

3

轻松搞定烦人同事

办公室流言、工位入侵者，
以及你需要避开的其他角色……

同事不能选，做好角色切换很关键

对于一个无权说“是”的人，永远不要接受他给你的“否”，否则你将会遇到一大堆不懂装懂的人。记住，他们不是你的唯一目标和终极目标。如果你没有从某个人那里获得满意答案，你应该寻求来自更高层的帮助。

——海伦·帕森，婚礼活动策划师

我总认为自己是一个很容易相处的人。有人甚至戏称我为“交际花”，因为我在各种场合和人际交往中都可以做到进退自如。我在职业生涯中遇到过各种性格古怪的人，与他们打交道时，我总是显得游刃有余。

对此，我有一个忠告：必须自己选择什么时候成为一个外向的人，然后再去和其他人交往。如果我在车辆管理局排队，你绝对不会看见我和身后一个自从 2012 年 12 月 21 日起就没洗过澡的疯子打招呼，这家伙相信玛雅历法最终是对的，相信世界末日的传言。

然而，你无法在职场中选择每天共事的同伴。无论你在哪里工作，我敢打赌，你不可避免地会说："他们难道是从火星来的吗？这里怎么会有这种人？"

与职场中的各色人物打交道，不仅需要时间、经验和耐心，还需要一种幽默感。比如，办公室里的一个怪人在大厅拦住你，非要和你聊上二十五分钟，并且向你炫耀他珍藏的"亚马孙臭虫"，你除了哈哈大笑之外，还能做什么呢？也许你此刻最希望火灾警报器突然响起来。

笑是你的武器之一，但你还需要锻炼自己的体魄，让自己变成一个身经百战的拳手，从而随时对付那些性格怪诞的人。无论是在工作、旅行、就餐期间，还是从走廊路过，你都不可避免地会遇上这种人。就像一位坚韧的拳手，你必须保持超强的技艺，击倒拦在你道路上的任何障碍。不过，你很幸运，我已经把这些人分成了各种类型，有的令人尴尬，有的粗鲁无比，有的不择手段，有的极端自负，有的无知透顶，这些人都会让你觉得你的工作好像在接受一次次终极精神考验。

在这一章，我会向你介绍你在工作中也许会遇到的各种性格的人，同时告诉你如何与这些人打交道才对自己最有利。当然，你在工作中也许只会遇上其中一种性格怪诞的人，但也可能遇上所有类型的怪人。更糟糕的是，除了我列举的这些，也许还有性格更乖张的人。不管怎么样，如果用我建议的武器武装自己，你完全有能力应对任何阻拦你的人。

专业人士观点

戴蒙·杨

Ebony.com 网站特约编辑
《你的学位不会在黑夜给你带来温暖》作者之一
VerySmartBrothas.com 网站创始人

• • •

如果你请戴蒙·杨简要说说他取得的成就，你必须重新安排你整个下午的日程表，因为这会需要很长一段时间。戴蒙不仅是编剧、专栏作家，还是社会讽刺家。他目光十分敏锐，把我们可能遇到的各种尴尬场景描绘得栩栩如生。在一次采访中，我曾问戴蒙，如何才能在职场中忍受其他人的怪癖：

> 无论你做任何事，一旦涉及你的同事和上司，你都应该保持一定的专业水准，这一点非常关键。但在某些工作场合中，不拘礼节不仅是可以接受的，而且更是大家所期待的。

无论你来自哪个行业，你都得在工作和休息之间来回切换。然而，戴蒙说，在同事们面前，专业人士可以从容而均衡地做到严谨务实、轻松随意，但不会显得出格。专业人士不会忘记，即使在做一些被认为是“社会性”的事务时，同事和上司仍然在用显微镜观察他们。

我上大学时爱打篮球，现在一周仍然会打好几次。我从一个人打篮球时的表现通常可以看出他的为人。尽管我的同事们说，我在球场上和办公室里的表现几乎判若两人。上班时，我通常会安静得近乎麻木，但一上球场，我立马变得生龙活虎，只了解我上班时表现的同事们经常对此感到很惊讶。

戴蒙的例子说明，你必须在职场与你下班后的私人世界之间平衡个性。如果你在球场上和工作中都是一个“生龙活虎的篮球运动员”，那么在你工作的会计公司里，没人愿意和你交往。你必须要懂得权衡。有时候，你需要生龙活虎；有时候，你需要沉着冷静。同样，如果你一整天都死气沉沉，人们就会以为你非常慵懒或缺乏热情。如果你可以根据需要能积极进取或心静如水，你就具备了一种强劲的内在品质。大胆地做出平衡吧！

不要给人留下一种爱出风头、急功近利，或者过于安静的印象。最好表现得像一个初次登台的政治家，稳健而温和地了解各种情况。在公司中，你应该具有适应性和灵活性，了解你和哪些团队共事，以及他们之间是如何互动的。

——布鲁克斯·达姆，Proof Eyewear 公司 CEO

和烦人同事打交道的十大建议

建议 1：与“万事通”打交道的三条原则

我知道你上过名牌大学。

是的，你比任何人在这儿工作的时间都久。

我知道，你见过世面，经历过各种风浪，了解怎么做才是最好的。

遇见万事通先生或女士，这种人会毫无顾忌地停下来对你说，他们在任何话题上都是正确无误的。他患有权势妄想症。如果你周末去攀岩，他会说自己爬过乞力马扎罗山。如果你弄到一场重要比赛的门票，他会说自己曾在球场边线旁就坐，甚至当过一两次裁判。

你在大型演讲中介绍过自己的伟大工作？

好吧，他也可以做到，而且已经做过，甚至比你做得好多了。

我曾经和一位万事通先生共事。当他知道我是一名有八年经验的职业摔跤手（这可不是开玩笑！）后，他声称自己上大学时就开始花钱学习笼中格斗术……他上大学那会儿是 20 世纪 90 年代……当时电视上还没有这种比赛，更不必说像今天这样花钱去学。如果在网上搜索他的名字，你一定会一无所获。当然，我也不应该对此感到吃惊。他竟然还对我吹牛，说他大学毕业五年后曾拒绝过全国橄榄球联盟公开预选赛。他身高 5 英尺 7 英寸（约 1.7 米），体重至少有 400 磅（约 181 公斤），这种人如果能在全国橄榄球联盟预选赛中撑过 5 分钟就算谢天谢地了，更不用说入选任何球队。因此，你应该明白我为什么不愿相信他的话。他就是那种无所不能、无所不知的人，可以在任何事情上比你强一百万倍。

对于万事通先生，我有一个底线：他们全都是瞎扯淡。

办公室内所有人都知道这种人患有强迫性说谎症，可我们不得不和他们打交道。有时候，你实在忍无可忍，恨不得想要掐死他们。不过，因为我们是职业人士，为了不惹上牢狱之灾，就只能拿出最大的耐心去容忍他们。那么，你该如何与这种缺乏理性的人共事呢？

1. 准备好事实依据。

如果你不得不和他一起完成一个项目，你应当做好充分准备，把事情做到无懈可击、滴水不漏，而且一定要找到支撑你观点的具体材料。

2. 不要被他激怒。

不幸的是，万事通先生不会突然意识到他们宣告的成功实际上非常滑稽可笑。因此，如果你知道自己是对的，而且其他人也知道你是对的，但他仍然坚持自己的观点，你只需要点头微笑。如果你反驳他，你就会激怒他，事情就会对你不利。相反，你应该对他的说法一笑置之。

3. 如果万事通先生说你的观点或工作有问题，你有权捍卫它们。

万事通们通常都非常霸道（我在下文还会提到），如果事关重大，你必须直面他们的霸道，否则你就很可能被他们踩在脚下。

如果万事通先生通过攫取你的项目成果而获得荣誉，你该怎么办呢？你最好当众问他在什么时候以什么方式做出了什么成就。问他一些只有工作实施人（也就是你）才知道答案的具体细节。这样一来，万事通先生有可能会崩溃，然后退而撒谎说，你不能轻易证明他的成就是虚假的——就像他说自己在 Lady Gaga 小姐成名之前曾为她弹过伴奏吉他一样。

建议 2：小心“最有价值职员”浑水摸鱼

当你不计名利的时候，你就会取得惊人成就。

——哈里·S. 杜鲁门，美国第 33 任总统

在团队环境中，你应该采取上边提到的这种态度。然而，并非每个人都会这样做。这让我想起万事通先生的表弟：办公室最有价值职员。他们在很多方面都有相似之处，但在指导他们行为的核心价值观上，他们却又迥然不同。

万事通先生无所不知，而且还愿意和你分享他的观点，办公室最有价值职员却不会厚颜无耻或夸夸其谈地炫耀自己的成就。不过，你千万不要被他的表象迷惑。办公室最有价值职员是一个多才多艺的人——因为老板在奖励员工时，会把其他人的工作全部归功于他，而且经常这样做。办公室最有价值职员不必是出自受到 CEO 表扬的团队或项目组或会议成员，但他却总能把其他人的成功据为己有。

在与这类人打交道时，关键是要在思想上超越他们。你必须想到他们时刻在你周围，伺机对你和你的艰苦工作发表见解，就像塞伦盖蒂草原上的一头狮子，悄悄接近一头羚羊。但你和羚羊不同，狮子抓住性情温顺的羚羊后，会把它活活吃掉，你却可以采取应急措施，从

而逃离最有价值职员的魔爪。

首先，为团队每位成员分配明确且具体的角色。约翰负责制定工作日程，蒂姆负责联络，瑞秋负责研究，等等。无论你手下有多少人，只要各司其职，就不会出任何岔子。如果你做不到，可以和你的团队或老板召开一次会议，确保工作目标和进程走上正轨。

其次，利用电邮和会议跟踪你和团队之间的交流，同时备份关键交流记录。这样一来，论功行赏时，一旦你的六人团队突然变成了七人，你就可以证明真正应该获奖的只有你们六个人。即使最有价值职员曾参加过一次会议，或出现在某次电邮中，但他并不是整个机器上最重要的零件。你该利用你在项目进程中获得的影响力来支撑你取得的成功。在商界，人们都想从你的工作中分一杯羹，他们能否得逞取决于你是否愿意利用你的具体支撑证据捍卫你的成果。一旦你这样做，办公室最有价值职员就会明白，你不会给他任何浑水摸鱼的机会，于是他只能放弃追逐你，转而寻找更易下手的猎物。

建议 3：别被办公室恶霸“霸凌”

办公室恶霸不是你在学校遇到的那种喜欢在同学面前用武力威胁你，以羞辱你为荣的小霸王。

在职场中，恶霸不是那种吸食毒品的流氓，也不是靠展示肌肉得分的傻蛋。相反，这种恶霸是有一定权威，并且以其权威为武器欺负他人的人。在我看来，办公室恶霸是你在工作中遇到的所有无礼人士中最恶劣的一种，因为你通常难以避开他们，而且他们会在上司对你的评价中扮演关键角色。当然，这种恶霸也可能就是你的老板。

回忆一下电影《恶老板》中凯文·史派西这个角色，他就是阴险小人的一个缩影。还有达斯·维达[1]，他会因为你升职而把你的脑袋砍掉，这可不是一句夸张的话。但我始终最推崇《上班一条虫》中的比尔·隆堡,他现在已经成为大众膜拜的经典恶棍。我还记得他的名言:“我要你明天早上来加班……哦，我差点忘了，周末也来加班，好吗？”

每次想到他那瓮声瓮气的嗓音，我就浑身发冷。

这几个人都是办公室恶霸的经典角色，他们利用自己的权势恣意欺负手下。尽管这些角色都是虚构的，但显然源于真实生活。

在我多次提及的大学毕业后的第一份工作中，我曾经也和一个恶霸打过交道，而他正好是我的老板。在他典型的恶霸风格中，他一会儿待你如上宾，一会儿又把你扔进地狱，一切完全取决于你是否对他有利。然后，新的一轮循环又开始了。就像我之前描述的窘况一样，

[1] Darth Vader，电影《星球大战》里的角色。

我陷入了困境——或者不如说，我感觉自己陷入了困境——因为我当时缺乏经验，认为这种事情就是那样的。

我错了。

就像电影中许多被老板折磨的角色一样，当我忍无可忍时，我走到了崩溃的边缘。这个时候我突然明白，决定你不受欺负的关键是你和恶霸打交道的第一步。

恶霸们只在他们为自己创造的神话中拥有权威（除了达斯·维达，他是一个合法的反社会者）。这些神话，通常是其他员工或曾经的关联人给他创造的——他们赋予恶霸们更大的权力，让他们不断膨胀，最后成为比他们本人更坏的恶魔。令人沮丧的是，办公室恶霸身上的神话的确是真的。他是一个吝啬而放纵的小偷，强迫性说谎者，喜欢在其他人面前把别人踩在脚下。

恶霸们的猎物通常都是弱小者，因此，如果恶霸想把自己的任务推到你身上，一开始你就要说“不”，然后必须坚持自己的立场。

我知道你的想法：“他始终都会在这儿，他是我的上司，我怎么能说‘不’呢？”

亲爱的朋友，你是一个有骨气的人，一定要有自信。

来看一个常见的场景。恶霸走到你身边，然后对你说：“××，帮我把这些文件复印一下吧，我有很多工作要做。”你作为一个新人毫无疑问会照做，因为你想成为团队中的一员，但恶霸只是利用你，让成为供他自己驱使的信差，难道那就是你每年花费五万美元上大学的目的吗？成为一个替人跑腿的？我可不那样认为。

你应该这样回答："对不起，我这会儿可帮不上你的忙。我手头这个项目时间很紧，改天我再帮你吧。"

这样一来，这种互动就圆满结束了。不要再继续道歉，也不要过多解释。你只需要礼貌地结束，然后走开即可。你不能表现出不愿帮忙或无礼的神情，你只是陈述一个他无法反驳的事实而已。

如果他接下来说："我要参加会议，的确走不开，现在又需要复印。我知道你很忙，不过还是请你帮我一个忙好吗？"可能结果又是另外一个故事了。如果对方珍惜你的时间，真诚地请你帮忙，那么的确值得你帮他一把。

然而，恶霸们通常是一些懒人，似乎总想利用你。你一定要小心！

建议 4：管好你自己的"一亩三分地"

每次排队等候时，你是否经常发现有人不停地往你身上靠，做出一副和你关系很亲密的样子？拥挤的人群本来就令人讨厌，有人却迫不及待地挤占你的空间，一点也不在意其他人的感受。

不幸的是，通常每个办公室都会有这种人。只要一有空，他就摇身一变，成为一名工位入侵者。他总会不惜一切代价地侵入你的私人空间。每当你在忙着办公的时候，他就会不期而至，让你无处逃避。工位入侵者通常会有各种借口找你——所有这些借口都能让你举起白旗投降。

他们平时最喜欢的老把戏是定期“偶尔来访”。你正在努力工作，他就像晴天霹雳似的突然闯入你的办公区，毫无顾忌地打开话匣子，不停地东拉西扯。如果他们没有一屁股坐在你身旁的空位上，就会垂下身体，把胳膊搭在工位的隔断上，把你和外边的世界完全隔绝开来——让你完全没有自由！

如果发生这种情况，你就得像一个全国橄榄球联盟教练那样——最好的防守是用声音防守。如果你听见工位入侵者走近，你就要立即做好防守准备。把你的钱包、公文包、夹克或者一堆文件堆在旁边的空椅子上，或者把你的办公桌堆满，这样他就没有机会在你这儿耗上几个小时了。如果你没有来得及做好防守准备，而工位入侵者也已成功落座，你可以提醒他说，再过几分钟自己要打一个电话。当“电话时刻”来临，你可以抓起电话，苦笑着请他离开：“我稍后再找你聊。”当然，这可能不是请他走开的最好方式，但当你绝望时，你只能奋起反击。

“天啊，哦，天啊，我在这儿待了快一个小时了！我们应该快点去吃饭。慢着，我给你讲过我在大学时领着我那帮兄弟参加夺旗式橄榄球锦标赛的辉煌时光吗？”

专业人士观点

布鲁克斯·戴姆

Proof Eyewear 眼镜公司 CEO

• • •

布鲁克斯·戴姆来自爱达荷州的伊格尔，他曾是一个名不见经传的在家帮忙打理木材生意的小伙子。几年前，布鲁克斯利用可再生木材制作了一副太阳镜，然后戴着它在朋友们面前炫耀。很快，这种太阳镜就流传开了。然后，他意识到，他在家族生意中的角色将会彻底发生改变。于是，他雇用他的几个弟弟，创立了 Proof Eyewear 眼镜公司。

布鲁克斯经常说，世界上没有完全相同的两片木头。Proof Eyewear 眼镜公司生产的产品是用木头制成的，因此，没有任何两副太阳镜是一模一样的。在与其他人打交道时，布鲁克斯也遵循同样的哲学。有些人对你来说很好相处，有些人则会很难相处。

你不可能和同事意见完全一致，工作本来就是如此，即使有争执也没什么大不了。有时候，争执

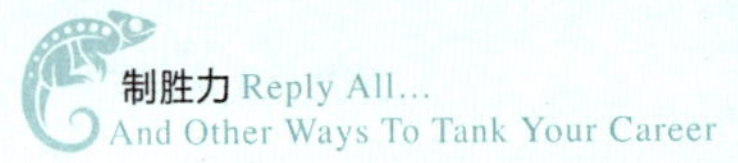

反而有助沟通。我们在工作中也有争执，比如，开发哪种产品，如何推广产品，如何融资，等等。对于我来说，如果我和同事的意见相左，我首先要看他们是否能摆事实、讲道理。如果他们不能，只是为了反对我而反对我，或者故意和我抬杠，他们通常说服不了我，也不会意识到他们的立场让人不快。

有时候，我的做法是抛开争论。这样就可以让自己保持头脑清醒，然后去做更多研究，寻找更多有说服力的证据，从而坚持自己的立场。有时候，我和对方会停下来休息一下，从而消除紧张气氛，谈论一些实质性问题。我总喜欢说："我们不是在治疗癌症，我们是在做太阳镜。"

我建议花点时间，从头到尾考虑一些重大决定。如果你感觉不舒服，你没有必要敷衍了事。这并不是说你可以永远置身事外，但有时候退一步海阔天空，换个角度看问题说不定会获得一些有意义的发现。

建议5：远离“八卦精”

在职场中，没有哪种烦人同事会比八卦精更容易让你碰上了。这种人对每个人的情况都了如指掌，其使命就是与任何倾听者分享这种财富。你可能还没开口问，他已经把公司里你从来不知道的各种阴谋诡计全都抖了一遍。“我听说会计部门那个新来的家伙在和人事部的米歇尔约会。你之前没听我说过吧。”我最常听到的是“这件事只有你和我知道……”实际上，“只有你和我知道”几乎是八卦精的名片。这种人总是以这种说法吊你的胃口，然后发布一些骇人听闻的消息，比如，“我听说肯恩明天要被开除了。”八卦精生活的世界里充满了谎言和不实之词，而且还希望你和他一起散布谣言。

就像那些办公室恶霸一样，八卦精也会以各种面目出现。他们并不总是那种喜欢笑嘻嘻地四处打探的性格外向的人。事实上，八卦精都是变色龙，善于利用周围环境隐藏自己，有时他们也跟那些鬼鬼祟祟的小爬虫一样，他们总喜欢躲在角落里，伺机等待猎物落入陷阱。八卦精通常十分友好，乐于和人攀谈，喜欢加入团队……但他们这样做只是渴望得到关注，同时为他们造谣的习惯增添更多动力。

如果你和八卦精一起逛街或喝咖啡，看似平常的交往通常会变成《办公室十个最有魅力的人》中描述的芭芭拉·沃尔特斯的专场报告。

你正在喝咖啡，八卦精一脸兴奋地对你说，营销部的卡罗尔正在虚构消费报告，因为她的信用卡透支了。你对此一无所知，而且也不想了解这种信息，但现在你知道了，你就掉进了陷阱，成为这个阴谋的帮凶。我们可以这样设想：你可能没有抢劫银行，但如果你明明知道抢劫会发生却没有阻止，你就会有一种负罪感。

因此，如果八卦精不道德地分享一些保密信息，或者透露关于同事的个人信息，你就成为了他的同谋。现在，因为八卦精向任何倾听者散布了流言，卡罗尔的失检行为可能会传到会计部的副总裁耳朵里。接下来就会出现这样的问题："谁知道这件事？"唉，真不幸，因为你去喝了一杯咖啡，你知道这件事——毫无疑问，八卦精会把你抛进地狱。你现在应该怎么办？

在办公室中传播流言绝不是一个好主意。当你知道本不该知道的消息后，你会变得紧张起来。最好的办法是避开八卦精，对他退避三舍。当你加入一个团队后，发现一波流言会向你扑来时，你应该让自己忙碌起来，比如"去打一个重要电话"从而远离这种流言。

如果八卦精在大厅碰到你，并且停下来和你聊天，一旦谈话内容不当，你就应该找借口迅速离开。"嗨，听起来不错，可我这会儿要去参加一个会议了。我们晚点再聊好吗？回头见。"如果在上班期间，这是对方可以接受的让你避开流言的最佳方式。

另外，如果实在无法避开，你还可以改变话题。当你发现话题沿着糟糕方向前进时，你可以提出一些新的话题——完全不涉及流言的无害话题，比如天气状况——千万不要让话题再转回到流言上去。你尽量这样做，直至逃离对方。当你离开后，八卦精会寻找其他对象继续“放毒”。这次他的受害者可能是没有读过这本书的人。

建议 6：面对“大嗓门”，直话直说，温柔相待

肖恩和格雷琴上周分手了。肖恩来自康涅狄格，曾在佛罗里达上学，后来在华尔街从事股票交易工作。格雷琴请求肖恩不要离开她，但肖恩还是决定离开她。

我知道这个故事，是因为过去两个月以来格雷琴每天上班都在打电话念叨她的肖恩，为失去他而痛苦哭泣。

“他不守诺言！他到底是怎么想的？”

我知道，你可能会在上班期间打私人电话，但你必须记住，你的喷嚏声可能都会被几个过道之外的人听见，更不用说格雷琴和肖恩上周二在电话里的尖声争吵了。

如果你没有可以关闭的办公室门，就尽量去一些更私密的空间打私人电话，比如楼下的咖啡店、楼梯间，或者附近的公园。

如果你被迫听见同事的尖叫、哭泣，或者听见她在电话里向最好的朋友描述她的新同事，或者听到医生给她开的新型抗忧郁剂让她身上某个部位长了疹子，你都应该把这种机会消灭在摇篮中。我建议你这么做，是因为说话像大喇叭的人不仅可能会影响你的办公效率，还可能会影响你的声誉。想一想，如果你在打业务电话，而电话另一端可以听见格雷琴因为和肖恩分手而啜泣，这会对业务造成什么影响？

面对这种情况，你只有一个办法。你需要把格雷琴叫到一旁，直接告诉她，她说话的声音太大了，让人感觉尴尬。如果她需要借助你的肩膀哭泣片刻，出于对同事的关爱，你完全可以奉献出你的肩膀，让她靠一会儿。我想，她一定会很感激你。此外，也许有人曾对格雷琴说，肖恩过去三周一直和市场部的艾比约会，那种消息一定是八卦精米歇尔的杰作。

建议 7：分清“种马式”玩笑与“性骚扰”

20 世纪 80 年代，摇滚音乐曾经风靡一时。美国摇滚三人组 ZZ TOP 唱道：“每个女孩都会为酷酷的男人疯狂。”20 世纪 90 年代，英国组合 Right Said Fred 又唱道：“我的衬衫太性感了，性感到刺痛。”2006 年，美国著名歌手贾斯汀·汀布莱克“性感回归”。

我本人喜欢性感风格。让我感到高兴的是，性感又开始流行起来——办公室种马也是如此。这种人始终把性感标签挂在身上，每天晚上都去酒吧喝酒。每次走进办公室，他总是步履轻盈，飘逸的头发随风舞动，就像专门搞偷拍的狗仔队一样潇洒。女士们见了他都纷纷被迷倒。

需要强调的是，办公室种马并不是你想象的那种衣着华丽的花花公子。办公室种马认为他可以给乔治·布鲁尼上魅力课，还可以和布拉德·皮特一起擦地板。但现实是另外一回事。不错，他偶尔会得到运气的眷顾——通常是在凌晨两点的酒吧里顺道载上某个可怜的受害者。为了借酒浇愁，这个受害者已经在那儿泡了六个小时，喝掉了好几瓶龙舌兰酒——但即使办公室种马在酒吧里三击不中而出局，他仍然会在办公室重复他的老把戏。

在过分性感的荷尔蒙的错误驱使下，办公室种马表现出的十四岁孩子般的行为会导致自己和其他人之间产生大量摩擦（不是开玩笑哦）。对于有些小的争端，我称之为“性骚扰”，但种马可能不这样认为。如果他让一个穿超短裙的实习生从地板上捡文件，你告诫他说，这样做并不合适，他有可能这样回应你：“得了吧，我只是在开玩笑！我没有任何其他意思！你难道没有一点幽默感吗？”

人们常常认为，自己无法抵御种马的恶行，因为他非常自信，把自己伪装得无懈可击，让你无法揭露他的龌龊念头。这是一种完全错误的想法。实际上，办公室种马是一只缺乏安全感的软蛋，外表只裹了一层薄薄的虚张之勇。你一旦快速而机智地击中他的自尊，他立刻就像梳妆台上的《花花公子》，哗啦一声掉在地上。

就拿我的同事戴维为例。有一次，戴维和四位同事外出午餐，就餐时他不停地和一个新来的实习生“开玩笑”，故意问她打算在周末办公室假日派对上穿什么。当时她只回答了两个字——“衣服”。种马对她的回答感到不满，又继续挑逗说，是不是那种短短的、紧身的、低胸的衣服。她没有理睬他的问题，却反问了他一句：“那么你打算穿什么呢？”种马听了之后更来劲了。“休闲西服。”他说。

她接着问道：“你约会时呢？你的女朋友穿什么？”种马正准备回答，实习生已经从她的夹克口袋里掏出一只手套，扔在餐桌上，对他说道：“你的小甜甜可能会穿这个吧。”桌子周围的人发出一阵爆笑，种马极度尴尬，脸红得像一块猪肝。从此以后，戴维再也没有挑逗过那位实习生。

建议 8：工作第一，“朋友”第二

烦人同事几乎和令人讨厌的会议一样常见。无论你在何处工作，都会遇上那种名副其实的“最令人讨厌的人”。如果你是那种外表很酷、魅力十足、令人敬畏的人，这种烦人同事就会主动把你当成他的最佳朋友——而且永远把你当成他的最佳朋友和铁哥们，这样一来，你将成为他所在狼群中的一员。你走运了！

这种“最佳朋友”可能会紧紧地抓住你，就像一个十二岁的女孩紧紧抱住一个真人大小的贾斯汀·比伯。当你使用复印机时，他会像跟屁虫一样，寸步不离地跟在你身后，问你是否愿意去喝咖啡，同时还会通过电邮给你发送图片或者有趣的文章。事实上，这些东西要么一点也不好玩，要么和工作无关。当然，他每天都会邀请你一起共用午餐。是的，每天。你还敢和其他人一起制订计划吗？你的“最佳新朋友”已经把你今后五年的生活安排好了。

办公室“最佳朋友”和真正的好友不同，他给你带来的痛苦多于欢乐。有人关注的确很棒，但如果那种关注来自一个不知趣的人，你将会是另一番感受。如果你是那种吸引烦人同事的人，我为你感到遗憾。不过，别担心，黑暗过后总有光明……尽管烦人同事跟在你身后，你也不要放弃希望。

那么，是否可以用一种稳妥的方式告诉你的同事“我不想和你走得太近”？

因为这是你的工作场所，你必须小心应对这种令人讨厌的“最佳朋友”。你可能不会像对待生活中的某些人那样严厉，因为你每天都要和这种人打交道，而且说实话，有时你可能会直接和他们共事，或者在其手下干活儿。因此，你不能断绝任何退路。这就是为什么你不能坦率地对那种人说：我想独自清静一会儿。现在，你将面临两种选择：

1. 拒绝对方和你套近乎。如果他邀请你共进午餐，你应该礼貌地拒绝。下班后一起喝一杯？不行啊，去不了。一起拼车去开会？对不起，已经有人和我拼车了。采用这种方式可以让你的回复不会显得过于生硬，但又能清晰表达自己的意思。你必须长期采用这种策略，一次也不要接受午餐邀请（除非他们埋单）。千万不要在拒绝对方拼车后补一句“请你加入我们好吗？”信息混乱只能延长这种令人讨厌的关注。

2. 找老板谈谈。在你工作时，如果有人不断骚扰你，你完全可以告诉你的老板。然而，不要说“鲍勃总赖在我旁边，一刻也不让我清静！”那样说只是抱怨。试着换一种方式，比如“我觉得鲍勃人不错，但他在我的办公桌旁待太久了，那样会让我工作时分心”。如果你认为这种关注会降低工作效率，你的老板马上就会着手处理，你可以要求老板谈话时不要透露自己的名字。

建议 9：对“键盘侠”说“不”

阅读、思考、聊天各有各的规则，但写作却是三者融为一体。

——曼森·库赖博士，美国警句家

我喜欢这句格言，不仅因为我是作家，还因为它道出了写作会给读者带来的巨大影响。

我相信，库赖所说的写作肯定不包括电邮，但他的话对电邮同样适用。今天，人们只是想当然地理解文字力量，认为只要躲在电脑后面，就会成为互联网上最有影响力、最强大、最有幽默感、最富创造力的智者。职场上也是如此，无论遇到任何事，人们总喜欢利用电邮发表意见，从政治到体育，再到快餐店里的色拉酱调料品种匮乏，无所不包。为什么有些人一旦躲在键盘后面就会更无礼地使用感叹符号和表情符号呢？

不管你把它称为什么，“机智”“勇敢”也好，“固执己见”也罢，在电邮里对其他人发表不雅言论实际上也是一种恃强凌弱行为（参见烦人同事第三名）。职场上利用电邮欺凌别人会产生涟漪效应。电邮狂人总是急切地张贴或发送各种让人感到唐突、刺耳的评论和邮件，但在现实生活中，即使借给他一百个胆子，他也不敢亲口说出那样的话。如果受到驳斥，电邮狂人还可能会装出一副无辜的样子。

有一位电邮狂人曾经制造了一桩国际新闻。2012年，电视新闻主持人詹妮弗·利文斯顿收到一位评论家的来信，信中批评说，她不适合担任电视主持人，因为她太胖。这位女主持人坚定捍卫了自己的尊严，公开反驳了这位评论家的无礼言论，然后将他的签名邮件挂在网上。我为她的做法热烈鼓掌。可想而知，那位发送邮件的恶霸屈服了，只好立即道歉。他会想到这种结果吗？那位新闻女主持会因为他自作聪明的评论而感谢他吗？她会为此退休吗？实际上，他的评论不是建设性的，而是一种无礼行为，就像大部分电邮狂人一样，他根本没胆量当面说出自己的看法。

骂人是一种无礼而胆怯的行为。我们上幼儿园时已经知道了这一点，甚至连我四岁的孩子海克也知道不能骂人！但在键盘背后，每个人都会变得荒诞不经、厚颜无耻，傻瓜才会认为在电邮里爆粗很酷——如果你认为你的老板不会读电邮，那你就更愚蠢了，他绝对会读那些邮件。

当你下次收到一封对办公室里的人和事大放厥词的电邮，你尽管把它删掉好了。如果电邮是针对你本人，我建议你亲自找对方谈谈。不要发生冲突，只问问他为什么要做这种无礼举动。我敢保证，这种人很快就会变成懦夫。

我上班时也遇到过这种情况，当时就是这样处理的。有个同事用电邮给我发来一些带侮辱性的内容，我直接走到他的工位内，问他为什么要那样做。他马上装出小事一桩的样子，说什么我们是最好的朋友……

电邮狂人都是软蛋，喜欢装出非常自信的傻样。从表面上看，他们好像很聪明，实际上却非常无知。发送一封令人憎恶的电邮就像坐在家里诅咒橄榄球场上的球手投球不准一样，这种人会说，他闭上眼睛也能完成 85 码触地得分。

建议 10：与办公室关系户相处的三种方法

谁不想成为一个被宠坏的富孩子？大学毕业后，直接进入老爸的公司，跨过那些在公司已经待了很多年的员工，坐进早已等待他的那间舒适的办公室。我也希望遇上这种好事！谁不想成为那个说“你知道我是谁”的人？在每场名人真人秀上，我们都能看见这种名流，因为他们的父母成就了一番事业。或者，我们也许会看见那种自认为是公司巨头的人，因为他们的祖先在半个世纪前创立了一家公司，而他有幸生在这个富贵之家。

这些当然是玩笑话，其实我最讨厌这种人。为什么只要是姓“卡戴珊”的都是名人？是因为他们的出身吗？当然，那张性爱录影带也很合时宜[1]。

有人能够出人头地是因为他的才智、技能和奉献，这大概是大家公认的道理。然而，在你的职业生涯中，你肯定会碰上那种因为认识上司或与其有关系走后门然后装腔作势的人。这种关系户认为自己有权高高在上，从不以自己的傲慢态度为耻。可悲的是，你却没有办法避开他们。

这种妄自尊大的特权人士会影响你的工作，而且不可避免。不过，他们在多大程度上影响你则完全取决于你自己。为了在酒店女侍者面前摆谱，有些名人大亨或富二代可能会问她：“你知道我是谁吗？”然后经理就会跑来救场，把他们带入 VIP 客房（这里的 VIP 可以理解成 Very Ignorant and Pompous，即无知自大人士专用房间）就座，这是影视剧中的经典场面，当我第一次听到有人这样解释 VIP 时，我忍不住笑了。我在想，谁会真的说出那样的话呢？谁会坦白地把自己的想法大声说出来，提醒别人任何时候都要知道他的来头？有人说，这种做法是富人和穷人之间的差别，但如果只有对周围所有人冒犯一番才

[1] 这里指金·卡戴珊（Kim Kardashian），美国娱乐界著名名媛，2007 年因“性爱录影带”事件而爆红。

能让人知道你是一个“富人”，那我宁愿成为一个穷人。

除了银行账户上的显著差别外，你和关系户之间最大的差别还在于，只有公司倒闭才能赶走他们，而你却随时可能被炒鱿鱼，而且事前毫无征兆。你知道与关系户共事的关键是什么吗？

关系户们各有各的来头，你可以通过安抚他们自尊的方式来管理和他们的关系，同时设法应付他们对你的压制。和其他任何关系一样，你必须和这些关系户打交道。然而，这种交道不一定是双向车道。你必须付出努力，找到他们的触动点。一旦你做到了，你就可以建起一座严肃沟通的桥梁，因为你和这种人在某些对他有利的事上看法一致。

让我再说清楚一点：关系卖弄者并非总是心怀恶意的人。实际上，有些人也热爱工作，甚至也希望公司变得更好。不幸的是，自尊在他们身上占了上风，即便是友好的关系户也是如此。现在让我们来看看关系户的三种类型，以及与之共事的方法。

1. 被宠坏的继承人

这种人处于关系户阶梯中的最上层。他们为《绯闻女孩》的作者们提供了公子哥和千金小姐的角色。首先，这种人从未在生活中真正努力做过任何一件事。他们从高中到大学一路都是混过来的，毕业后坐上快车道直接进入精英办公室，然后一天到晚都在浏览网页，四处打探周末度假胜地。这种人并不总是表现得很粗鲁，有时候甚至令人感到相当愉快，但他们总体上缺乏向上的动力。当然，这算不上是罪恶。然而，如果和他们共事，你会遇到难以逾越的障碍。

面对这种人，你必须平心静气地接受这样的事实：他们不会被解雇、不会被降职，也没有人会责难他们。他们从来不用承担责任，你却只能任凭他们摆布。因此，你必须尽心尽力地干好自己的本职工作，千万不能激怒他们。与此同时，我建议你寻找一些双方的共同利益或联系点。比如，你的关系户老板可能喜欢豪车，无论你是否有兴趣，你都应该利用这一点和他建立联系。你可以浏览汽车网站，了解最新款豪车。然后，你可以向他传递有关信息，比如“你肯定听说玛莎拉蒂又推出了新款。你知道它的马力有多大吗？”这不是在拍马屁——这只是为了顺利开展工作而进行的沟通。他越是把你看成是有共同爱好的人，就越愿意和你一起工作，你的工作就会越顺利，否则他要么回避你，要么让别人去完成工作。

2. 奋发图强的继承人

和以上那种认为姓氏或地位是他们“一生之累”的关系户不同，有些幸运儿实际上……渴望工作！

没错，我的朋友，如果你足够幸运，你也许会遇上一位热情洋溢的年轻人，他想做的不是抢劫公司保险柜，而是打算为自己购买一座岛屿。这种人是一种无价资产，因为他们急切地想干出一番成就，也许他们希望证明自己，也许是因为他们带有与生俱来的职业道德。这种关系户也许使用过自己的继承人头衔，但很可能不是为了炫耀。

同样，如果你希望与这种人和谐共处，关键是找到共同的兴趣点，但你需要采用更专业的方法。谈论某个话题时，你最好多谈工作，少谈休闲娱乐。当然，你可以在工作之余谈论休闲娱乐，但这种人喜欢把工作放在第一位，其次才是娱乐。

我曾和一位奋发图强的继承人共事，她对业务十分精通，所以我和她交流时总是谈论那些令人讨厌的技术话题。我偶尔会通过电邮给她发一篇来自主流新闻媒体上也许对公司有利的报道，有的和我们开发的新软件有关，有的是我们应该研究的分析程序。不管怎么样，我利用所有机会告诉她，我了解她对公司的愿景，而且也为之努力工作。这样做很有效！

3. “有时候我和你们一样”

那种经常咆哮“你知道我是谁吗”的继承人也许在道德上没有问题。不过，有时你还会遇到另外一种继承人，这种人不仅在工作上发愤图强，而且十分了解每个人的困境。的确，他的办公室更宽，口袋更鼓，他可能花费你一年的薪水飞往世界各地度周末，但任何处于同样位置上的人都会享受这种福利，你不会否认这一点。

这种人可能会继承大量财富，但不会以此炫耀自己。这种人也许会发愤图强，但很少到处显摆，看上去十分放松。这种人不会拒人于千里之外，你可以“走近”他。因此，这种人和前两种类型不同，无论是在私人方面，还是在专业方面，你都可以和他保持联系。这种人思想更开明，更愿意倾听不同意见，不会给人穿小鞋。和其他人相比，这种人的办公室门开得更大。事实上，如果你遇到一个从邮件收发室走上董事长位置的人，你反而希望他能大胆使用自己的职权，因为通常情况下，他那样做是为了帮公司推进某项议题，而不是为了得到一家豪华餐厅的漂亮席位。

现代礼仪专家小测验

有同事经常找你闲聊，而且很久都不愿离开。你不喜欢和他聊天，但他就像生了根似的坐在你的办公桌旁不肯离开，聊一些与工作无关的事。这时你该怎么办呢?

A

一旦听到他走近，你就假装打电话，同时向他歉意地打手势，告诉他你现在没有时间聊天。

B

告诉他能否改天再聊，或者午餐时再聊，因为你必须在下班前把工作做完。

C

停下手头上的工作，专心听他聊天，和他争论谁是最好的棒球手，是迈克尔或者克里斯汀·拜尔，气氛十分热烈。

D

上午9点，休息45分钟，喝点咖啡，听同事解释他的表兄的最好朋友的未婚夫为什么是一个骗子。

答案：B

首先我要说明的是，和同事聊聊工作之外的事情没有什么不妥。同事之间开诚布公、友好相处不仅有利于建立一个团结的团队，还有利于提升士气。然而，问题在于聊天的时间和场合是否适当。如果就昨天晚上激动人心的球赛聊上十分钟，肯定让你心情舒畅，但如果你趴在同事办公桌上和他聊一个小时的《格雷的五十道阴影》(2012年英国畅销情色小说)，你肯定让人反感。

令人讨厌的话痨们善于制造各种吸引人的旋涡，在你尚未掉进去之前，必须摆脱他们。是的，你可以伸出肩膀供人依靠，你可以成为别人倾诉的对象，但你的办公桌并不是合适的聊天场所。如果你知道有人要找你聊天，当他走近时，你必须让他知道你5分钟后要给人打电话。即使你不需要打，也要编造一个。我不提倡撒谎，但我也不提倡伤人面子。如果你的逃避行动没有奏效，你就坦诚地告诉他，自己的工作太多，最后期限马上要到了，你没有时间和他聊天。不要让自己生气，实话实说就可以了。你可以让对方知道你在下班后或午餐时能和他聊天，因为你不想让别人听见你们的聊天内容。

现代礼仪专家应对失礼同事的工具箱

耳机是救命装备。在办公室中，耳机可以成为一种最强大的防干扰武器。附近有人说话声音太大？戴上耳机。有人在煲电话粥？戴上耳机。耳机可以屏蔽周围所有人的声音，让你尽情享受自己喜欢的声音。因此，在办公桌旁准备一副耳机。这是你的办公室专用耳机，不用把它带回家。相信我，万一把它落在家中，你一定会懊悔不已，因为你的耳朵必须忍受你邻座的同事在电话里和婚姻咨询师大声谈论她被抛弃的原因。

你所爱的人的照片。在办公桌上摆几张朋友和家人的照片，表示你非常喜欢新的工作环境。另外，如果你是女性，在办公桌上摆放一张你的另一半的照片可以帮你避开办公室种马的骚扰。一般情况下，如果种马知道你不是那种开放的人，他就不会招惹你，至少会把他的魅力限制在可控范围内。

在墙上张贴卡通画。如果看过《远方》《工作眩晕》《呆伯特》，你会发现，这些作品的作者们对办公室文化的刻画可谓入木三分。他们笔下的卡通人物把职员们在工位上的各种怪异、无礼举动展现得淋漓尽致。如果在墙上张贴这些搞笑的卡通人物，你无须明言，它们就会帮你避开一些无礼骚扰。例如，你可以张贴一些性情温和的卡通形象，如动物或穴居人（《远方》巧妙地使用了这种技巧），正好可以说明你所处的环境。不要选用那种碰巧和某个三番五次冒犯你的人长相类似的卡通画，否则你可能在暗示你讨厌某个人。虽然你没有直说，但任何人看见那幅画都会想：“哦，我猜到了，那是布莱恩。”

肢体语言艺术。肢体语言可以帮你表达各种意图，它是一种重要的职场工具。例如，如果你向我走过来，我没有说话，只摇了摇头，你就会明白，我不想被打扰。或者，如果我竖起食指，然后抬头看电脑，说明我正在忙工作。为了表示你很忙，不能聊天（尤其是八卦精要来骚扰时），你可以转动椅子，然后在办公桌上摆放一堆文件和图纸。如果你背对别人，对方可能不会来打扰你。如果他不能理解你的暗示，仍然兴冲冲地走过来，你可以转身向他挤挤眼，双手抱一堆文件，这样一来，他就会明白：你当然愿意聊天，但还有一大堆工作等着你处理。

4

职场中的“软性”制胜力

无论你是否喜欢自己的社交圈，你都要尽量融入其中。

成功的一半来自社交，一万小时可不只是单纯的工作、工作、工作……

没有团队归属感，哪来的用武之地？

每次收到推特自动发来的消息，我都会火冒三丈。这种消息就像免费电子书上千篇一律的回复，发送者本人从不和你交流。

——蒂姆·麦克唐纳，《赫芬顿邮报》生活频道社区经理

你和你的同事们同属一个大家庭。和真正的家人相比，你和他们一起度过的时光更长。 因此，你的同事不可避免地会融入你的社交圈，占据你社交生活的大部分。就我个人而言，我最要好的朋友几乎都是在工作中结识的，其中一个好友曾经在我的婚礼上给我当过伴郎。实际上，我们的交友过程和儿童交友没有区别。双方偶然进入同一个环

境，彼此投缘，自然就成了好朋友。然而，办公室并非总是交友的好地方。事实上，在你的职业生涯中，你也许不得不面对一些令你厌恶的同事，他们会让你在痛苦中等待下午的下班铃声。

必须记住，尽管你工作非常努力，头脑也足够聪明，但事业发展的关键取决于你在工作中建立的关系。

工作中的社交形式很丰富，例如，和同事或上级一起就餐、一起分享某个工作站、一起去度假，还可以一起去健身房健身。我在大中小型公司中都待过，了解职场社交的各种动态。这些社交都有一个共同点：无论你是在一个仅有 6 人的办公室工作，还是在一个拥有 6000 人的大集团上班，你都会遇到志同道合的人。然而，让人感到吊诡的是，你可能不会和这些志趣相投的人一起共事。相反，你也许不得不面对那些和你没有共同语言的人。但无论如何，你都要坦然面对。

因此，当你进入职场前，你必须仔细观察周围的人，然后问自己：我是否真的愿意和这些人待在一起？如果你的答案是“同事们会成为我的好朋友”，那么你就找到了处理未来各种事务的正确方法，因为一个坚强的团体将会成为你的后盾。但如果你的答案是“天啊，谁能救救我！”那么，等待你的则是一场攻坚战。然而，无论何时你都不必太过担心。如果你能了解现实，乐于拓展社交技巧，即使你的同事都是喜欢恶搞的鬼灵精，你也能在职业生涯中迎来鲜花和掌声。

专业人士观点

克里斯塔·弗里

Zappos 公司高级人事部经理

• • •

《财富》杂志每年都会发布各种排行榜，其中一个排行榜是“最适合工作的100家公司”。一旦上榜，这些幸运的公司将会获得至高无上的荣耀。有一家公司曾多次入选该排行榜，它就是著名的在线鞋类零售公司——Zappos。

目前，Zappos公司正在策划一本关于职场幸福的书。事实上，公司CEO托尼·谢曾经写过一本类似的书:《输出幸福：通往利益、激情和目的之路》。这本书一出版就引来无数人的追捧，就像邪教徒们的经书一样，被人奉为职场经典。这本书说明了一个事实：创造健康、幸福的工作环境是公司提高效率和增加利润的关键。我采访过托尼，他建议我去采访他的高级助理克里斯塔·弗里。克里斯塔是Zappos公司的高级人事部经理，主要工作是确保雇员们获得发自内心的幸福。

事实上，Zappos公司成功的关键不仅在于创造一个令人愉悦的工作环境，还在于更重视雇用那些愿意为公司服务，并且希望成为公司大家庭中一分子的人。克里斯塔和他的团队如何坚持雇用对工作充满热情的人？公司为候选人提供了为期四周的初步培训期。在此期间，如果你选择离开，无论出于何种理由，公司都会给你一张2000美元的支票。想想看，这会导致什么结果？如果选择离开，2000美元就归你所有，千真万确！这是一个疯狂的主意，不是吗？克里斯塔的确是这样想的：

> 当托尼第一次提出这种想法，我们都认为：“每个人都会拿上那笔钱离开，有谁不会那样做呢？”结果并非如此。培训持续四周，我们的提议是在第二周提出的。我们最初只是不希望让人们为了回报才留下来，所以我们愿意提供2000美元，给受训者一个考虑的机会，看看他们是愿意选择A留下来，还是B去其他地方。假如他们对Zappos缺乏工作热情，我们希望立即知道答案。

你一定想问我，到底有多少人拿钱走人？

实际上，没有多少人那样做。根据克里斯塔的说法："只有1.5%的人接受那笔钱。这一比例真的非常低，并且它带来另外一个好处：大家都更敬业了。"

在商务实践中，毫无疑问，克里斯塔和Zappos的做法非常少见，但它的确是你在Zappos公司中获得的独一无二的工作经历。不仅如此，这些做法带来的益处并非转瞬即逝。如果某个雇员只希望打卡上下班，公司领导人肯定不会对他感兴趣——他们希望雇员们都有团队归属感，这就是他们制定"文化健康计划"的原因。"文化健康理念"不仅构成Zappos公司社交体验的基石，同时促使办公室里的每个人不断进步。

正如克里斯塔所说：

> 我们在做文化评估的时候，非常关注十种核心价值，其中之一是建立积极的团队和家庭精神。面试时，我们经常会问求职者，是否愿意和办公室的同事们交往。因为我们不想要那种只希望打卡上班、

下班回家的人。第一，他们不会真正融入公司；第二，根据我们的理念或信念，如果你对一项事业真正充满热情，你也许不会觉得它是你的工作，换言之，你几乎会忘记区分工作时间和下班时间。

我们在Zappos所做的大部分创意并不是在上班期间，相反，这些灵感都源自下班后的各种场合，例如，酒会期间，或看时装秀的旅途中。我们希望大家真正接受我们的理念。是的，如果一些优秀人才不适合这种文化，我们的确会失去他们，但我们仍然坚持自己的核心价值，绝不带那些不合适的人去扬帆远航。从短期来看，优秀人才魅力无穷，但从长期来看，如果他们无法适应我们的文化，他们在这里会如坐针毡。

如果你希望和同事们交往，我建议你以开放的心态去接纳周围所有人。你永远不会意识到一个非常安静的人忽然一夜之间成为一个魅力四射的人。你必须给所有人一个机会，不要匆忙下结论，也不要太早相信你的假设。千万别在你周围筑墙，因为结交一辈子的朋友并不是一蹴而就的事。当然，无论如何，你必须付出努力。如果你愿意努力跨出自己的小圈子，你的事业将会得到惊人的发展。

社交技巧的九大建议

建议 1：与同事一起就餐

请同事们一起就餐是建立友情的良机。不仅如此，一起就餐通常还是你放松自我，抛下“伪装”的绝佳机会。在我之前的工作中，我每天都会和同事们去公司咖啡间坐坐，一起喝点咖啡，或者吃点东西。那样的时光总是一天之中最美好的。利用这个时刻，你可以了解更多你之前从未了解过的人（也许甚至从未关注过他们）。例如，也许你会惊讶地发现，会计部的珍妮看似娴静，实际上竟然是空手道黑带高手，或者外表傲慢的汤姆居然利用周末为流浪狗们搭建狗舍。工作之余和同事们一起消磨时光是一种难得的机会。有了这种机会，你们可以开展更亲密的互动，你将塑造出一种更完美、更自信的职业人格。然而，如果你不注意一些细节问题，就餐机会有时反而会把事情弄糟。

如果和同事们一起就餐，你可以（应该）让头发稍微下垂，不用正襟危坐，但是，你要记住，即使你即将步入一家比萨店，你此时仍然在“工作”。假如迈克说，他能用嘴接住空中落下的肉丸子，是否真的应该为此赌上五美元呢？如果想看肉丸子从他脸上滚下来的滑稽模样，我的答案当然是“是”，可如果从理性和专业的角度来回答，我的答案是“否”。

你的底线是，即使和你最好的工作伙伴一起聚餐，你仍然处于职场环境中。周围全是你的同事，甚至还有部门经理，因此你必须举止得体，决不能像在派对上那样放纵自己。记住以下五条核心建议：

1. 人到齐后再点餐。对于这条规定，唯一担心的是有人来太晚。如果出现这种情况，你可以先点几个开胃菜，然后等所有人到齐。如果有人迟到超过半小时，可以边吃边等。
2. 不要点太复杂的饭菜，否则你就变成一位参加吃热狗年度竞赛的选手。你可以选择只用刀叉就可以解决的三明治、色拉或者热盘，不要点牛肉汉堡。

3. 大家的饭菜都到齐之后再开始吃。自己那份先上后，不要像饿狼扑虎一样立即吃起来。
4. 点餐时让同事优先，尤其是女士优先。
5. 在膝盖上铺一条餐巾。

聚餐时，应当遵守常见的个人卫生准则和礼仪，并保持适当距离。你不仅需要保持餐桌和自身的洁净，还需要注意自己的言辞。侍者正在汗流浃背地为你服务，即使你有不满，也不该抱怨说你要投诉他。

建议 2：平摊账单是准则，但别吃大亏

我来给你描述一种典型场景：你和三位同事一起去吃午饭。你要了一份汤和一瓶苏打水，一共 5 美元。同事们每人要了一份热盘和一瓶饮料，每人 15 美元。吃完后，有人——他不一定是一个惯犯——快活地说："好啦，一共 50 美元，再加上小费……每个人掏 20 美元，然后闪人。"哇，怎么要付这么多？我的朋友，你的感叹说明你自己吃亏了。

让别人替你分担餐费既不合理也不礼貌。除非在一些特殊场合，我请客，否则我不能为你的饕餮大餐埋单。对于总希望别人分担账单的人而言，他们主要有两点让人恼火：

1. 利用“平摊费用”占便宜，从而让自己少掏几美元。什么？他们不知道自己吃的是大份？他们当然知道。只是他们都在装傻，希望你替他们分摊账单。
2. 人人都会简单的算术。见过有人看收据时就像研究埃及象形文字吗？他不把它搞懂不会罢休。现在每个人都带有智能手机，一触屏幕，计算器就出来了，每个人该掏多少钱很快就能算清。不要因为有人说“该死，我算不清了，我们平摊吧”，就在费用上算糊涂账。大部分时候，这种人就像上边说的那样在装傻。

这么做的人不仅大煞风景，而且还会让人觉得愚蠢，因为并不是每个人都是土豪。有人点了一份简餐，可能因为肚子不饿，也可能因为节俭。不久前，我和两位富豪前往一家高档餐厅参加一次午餐会。他们点了不少美食：昂贵的开胃菜、60美元一份的牛排、两杯红酒，还有一份奢侈甜点。我承担不起他们那样的费用，因此我就合理控制点餐数量，这样我既不会失礼，也不会担心刷爆信用卡。谢天谢地，他们没有注意，也不在意。当然，埋单的时候，他们也没有抢着说：“我们平摊吧。”

如果有人点餐数量明显比别人少,因为一句“平摊费用”的玩笑话,他就要比原计划掏出更多钱，这显然是一种严重失礼的做法，同时也是缺乏教养的表现。

和同事们和谐就餐的关键是记住你点了哪些饭菜，然后埋单时你才不会感到吃惊。如果你只花费 25 美元，分摊后你要掏 75 美元，你

“没错，我们一共四个人。平摊的话，每人 125 美元。你们愿意付现金还是刷卡？”

就装着没听见，然后问：“哦，天啊，我的热盘是20美元，我没有喝饮料，也没有要开胃菜吧？你没算错账吧？”这时候，那个把菜单点全了的乔就会感到愧疚，于是就会重新考虑平摊账单策略。

如果你的就餐费和你的平摊金额相差不多，也就几美元，你应当接受平摊。如果你坚持不肯平摊那几美元，大家会觉得非常麻烦，也会显得你过于小气。然而，如果平摊账单让你吃了大亏，你就必须说点什么。据我观察，喜欢占便宜的人总爱故技重施，因此你千万不要落入他们的俗套。看清账单，自己算一算，然后再决定值不值得说点什么。如果值得，不要一本正经地表示反对，你应该放松心情，开个玩笑，只支付自己那份就可以了。这样一来，你既坚持了立场，又显得若无其事，不会让气氛变得尴尬。

建议3：切勿拉帮结派

提到帮派，我们马上会想起喜欢耍酷的高中生——那些运动爱好者也许是一群帅哥，也许是一群辣妹，也许是叛逆者。我敢说，没有这些人，青春电影就不会成为史诗般的作品。然而，职场帮派和高中生帮派截然不同，他们更专业、更成熟……或者相反。

如果你和其他人有共同点，自然就会被他们吸引。也许他们和你从事相同的项目，也许你们喜欢谈论相同的话题，也许他们和你年龄相仿。无论何种原因，你最终会喜欢和部分同事交往，就像你在私生活中和人交往一样。

有人说，职场帮派有害无益，因为它们会催生孤立和疏远。其实不然，只有十二岁的孩子身上才会出现那种结果。事实上，帮派对于职场生活来说，未尝不是一件好事。如果你紧张工作了一天或者搞砸了一项任务，找几个懂你的人寻求安慰，难道不是更容易让你渡过难关吗？职场帮派的作用就在于此。

需要提醒的是，如果帮派变成一个密闭的小圈子，不欢迎任何新成员加入，孤立和疏远就会随之产生，这是绝对不允许的。如果你在工作中形成了自己的朋友圈，不要坚持只和圈内人交往。如果去吃饭时在走廊上遇到一位同事，你可以邀请他一同前往。如果你去参加朋友的生日派对，问问有没有其他人愿意加入。这样你就不会得到那种让人事部也知晓的拉帮结派的恶名。

如果领导非常了解员工，而且平易近人，员工就会充满干劲。可是，他又不能和员工走得太近，因为亲密的情感可能导致可怕后果。如果员工和老板交往过密，员工也许会认为，他得到自己的职位并不需要考虑工作业绩。因此，最好在二者之间找好平衡点。我总是努力和我的员工搞好关系，同时又和他们保持适当距离，让他们知道一切以公事优先。

——萨姆·塔兰蒂诺，鲨客音乐网站共同创办人兼 CEO

建议 4：见什么人说什么话

我必须坦白交代：我经常骂人。对此，我没有什么骄傲可言，反而迫切希望改掉这个坏习惯。然而，我相信有时只有痛快淋漓地骂上几句才能解决问题。如果你有这种想法，有一条规则需要遵守：你必须选择适当的时间和地点。如果在世界杯期间，你对电视上裁判的糟糕判罚大声咒骂，当然没有问题；如果在公共场合和儿童面前咒骂，则是你缺乏教养的表现。如果在职场环境中，你更要格外注意自己的言语。

你要知道，很多时候同事们可能会惹恼你，你脾气一上来可能引发一场激烈的争吵，并且想咒骂对方……当然，你的老板也会破口大骂，但你是新人，你没有这种权利。

如果你和同事一起开会，比尔本来要回顾上次市场分析，最后却大谈《广告狂人》的主要情节，然后你可能会对身旁的人小声说：“比尔在鬼扯他妈的什么？”这种话只是一种判断。如果听者是你的朋友，而且你知道他能忍受你的咒骂，当然没有问题。可如果你不熟悉这位同事，结果又会如何呢？如果他认为你的话冒犯了别人，然后向老板投诉你，你该怎么办？为什么要冒这种险呢？无论做什么，你都要保持冷静，因为开会时大声咒骂绝对是不可接受的行为。如果你骂骂咧咧，说明你缺乏控制，没有职业精神。这对你遵守底线没有丝毫益处。

此外，不是每个人都懂你的幽默。最好的喜剧演员往往能把咒骂和妙语结合得天衣无缝，这种结合就像画家的点睛之笔，轻挥纤笔，精彩便跃然纸上。有必要咒骂吗？也许没有必要，但存在就是合理的，你无法想象，没有咒骂的喜剧会是什么效果。

我敢保证，在你所在的办公室，肯定有人非常喜欢咒骂，而且认为咒骂是一种乐趣：“几天前，这个混蛋站在我前边，点完一份狗屎火鸡三明治，又开始点一大堆该死的配菜。真不是个东西，我他妈的等了好久！”

这一点都不好笑，一点都不酷，只能说明你词穷，没有教养……咒骂时，我们时常是为了证明自己，或者强调某个观点。但如果你不停地咒骂，它就失去了意义、力量和强调作用。明智地选择你的字眼，确保它们产生最佳效果。最后，在办公室中咒骂时，你一定要避开他人。你不能总是口无遮拦地乱骂一通，有些字眼太过粗俗。如果非要咒骂不可，你只能在私下咒骂，选择在不介意的人面前咒骂，或者在你独自一人时咒骂。

唯一的例外是，你把热咖啡泼洒在自己身上……因为发生这种情况时，你会情不自禁地咒骂，但也要注意选择字眼。遇上那种情况，每个人都会理解你。

专业人士观点

斯皮克·门德尔森

好吃佬比萨店店主兼“名厨荟萃”前演艺人员

• • •

当你和其他同事交往时，最好的体验便是就餐。就餐的地点无关紧要，可以去办公室旁边的小厨房、附近的咖啡店或者五星级酒店（如果是后者的话，还招人吗？）。读到这儿，你也许会说，我太忙了，没有时间和大家一起就餐……你错了，没有人忙碌到不能抽出一点儿时间去吃顿饭。

挤时间。

这就是社交。

如果你还打算撑起“只工作不娱乐”的虚名，你就得去吃一顿工作餐。这样工作才开心，不是吗？

如果说，有一种人懂得如何让人们在社交活动中感觉更舒适，这种人必然是厨师。毕竟厨师就是靠取悦人们的味蕾谋生的，他们懂得哪些东西讨人喜欢，哪些东西令人生厌。这就是我采访穿双排扣白色厨师服的斯皮克·门德尔森的原因。你可能还记得电视上的斯皮克是“名厨荟萃”中妙语连珠、令人惊讶的演艺人员，或者如果你曾有幸拜访过他创办的著名餐馆——好吃佬比萨店，你就会对他留下深刻印象。斯皮克一生精研厨艺，最开始和家人一起工作，后来去欧洲单独打拼，最终成功开办了好几家漂亮的餐馆。今天，他在美国首都华盛顿经营的餐馆已经成为办公室白领们的不二选择。无数人蜂拥而至，只为一饱口福。因此，斯皮克习惯于通过一顿大餐来观察同事之间的社交生活。

我建议你和能够成为自己良师益友的人交往。很多初入职场的年轻人都认为自己观点新颖、独具创意、胜人一筹。但是，我必须告诉你的是，“三人行必有我师”。我们总能从那些职场前辈身上学到某些优点。我很幸运，我妈妈就是我的良师益友。她知道的比我多，即使我不同意她的话，或者我知道她是错的，听她讲讲保守的方法，或者了解另一种视角，也总能给我带来启迪。

你必须抓住任何学习机会，哪怕是一种菜肴烹饪的方法，一杯咖啡的冲泡方法，你都应该积极向对方学习，从而建立自己的职业自信。

每个人的口味各不相同。如果你对同事们的口味不是非常了解，你可以选择一家大众化的餐馆。你没有必要选择非常花哨或新奇的餐馆，但菜肴质量高、环境好的餐馆肯定有助于社交。

现代礼仪专家笔记：为准确起见，我亲自去斯皮克的餐馆吃过饭。我可以告诉你的是，没有什么能比斯皮克的热棉花糖奶昔大餐更美味了。是的，他制作的汉堡和比萨味道好吃到没朋友，但对于我这样的胖子而言，更喜欢品尝美味奶昔。喝下两杯奶昔之后（一杯是在吃饭时喝的，一杯是在开车回家途中喝的），我的感觉是，好吃佬比萨店让人既惊喜又惭愧，让你惊喜的是，它是你大饱口福的终极选择；让你惭愧的是，吃了这一次还想下一次。

建议 5：记住，更衣室不是走秀场

从我记事起，我就一直去健身房健身。无论是减肥，还是做有氧运动，去健身房都能取得令人满意的效果。我刚接手现在的工作时，在一楼发现一间对所有员工开放的健身房，看上去棒极了。下班后和同事们一起锻炼，不仅有助于增进同事间的感情、缓解压力，还可以在一种轻松自在的环境中聊聊工作。然而，如果有同事不遵守健身房礼仪规则，良好的健身环境就会惨遭破坏，健身就会变成一次比谁更蠢的竞赛。

是的，更衣室用于淋浴和更换衣服，但办公室更衣室不是你的私人浴室。我要说的是，浴巾的发明是有原因的——是为了请你使用！

千万不要像《国家地理杂志》纪录片上的动物明星,光着身子走来走去。没错,即使你的身材好到让人流鼻血,会让所有医生瞠目惊呼:“护士,快去拿画板!我要把这玩意儿记录下来!”你也没必要在健身房中炫耀你妈妈赋予你的一切。

除非建筑失火,或者身上着火,你来不及披浴巾,否则我建议你在和同事们友好聚会前一定要在腰间围一条浴巾。当你在盥洗盆洗头时,也要这样做。穿上你的裤子——求你了!如果花几秒钟拉上拉链,你的头发不会被弄乱。如果你在公共更衣间看见同事在炫耀肚脐眼以下部位,即使他是你的老板,你也应该抓起一条浴巾,平静地说:“嗨,给你一条浴巾,我碰巧多拿了一条。”

现在,女生们先生们,如果你觉得经常洗手是一件苦差事,请远离办公室更衣间。我四岁的女儿早已知道上完洗手间后要洗手,但一些成人似乎忘了这条规定。有一次,我健身后走进公司更衣间,正好看见一位同事也进来使用洗手间,他手上戴有一副举重手套。完事后,他直接返回了健身房。可以肯定,那双手套已经沾满细菌,完全有可能让他自己住进疾控中心的隔离室。

还记得我说过如何在职场上给人留下完美持久的第一印象吗?(参考第一章)是的,你在办公室健身房中给人的印象可能会翻倍。如果你不洗手,一定会有人看到你,消息就会四处传播……像细菌一样。

对不起，我只能点到为止了。办公场所的更衣间不像健身房更衣间那样自由，你的同事不希望看见你的裸体。好吧，也许有位同事不停地给你发送电邮，向你展示他收藏的古代美男的大理石雕像图片，但除此之外，没有人愿意看你的裸体。

建议 6：送礼要讲原则，别因好心失礼

度假期间，许多公司都会组织员工参加办公室同事之间的礼物交换活动。这是一种很不错的社交活动，不仅可以振奋团队士气，还可以为辛苦工作一年的员工增添几分假日欢乐气氛。礼物交换通常会出现两种结果，要么非常棒，要么糟糕透顶。什么？你期待出现更出乎意料的结果？

不论出于何种原因，如果有人没有遵守游戏规则，礼物交换就会导致最严重的失礼。例如，电视剧《办公室》里有一个经典桥段：迈克尔·斯科特（史蒂夫·卡瑞尔扮演）给某个人送了一件秘密圣诞礼物——iPod，但公司规定礼物价格不能超过 20 美元。后来，他收到了自己的秘密圣诞礼物——一双耐热手套。他几乎疯掉了。

这个例子充分说明，如果你不遵守规则，你就会变成一个傻瓜。讽刺的是，每个工作场所都有一个像迈克尔这样的角色，他不遵守办

公室假日礼物规矩，希望通过自己的慷慨寻找乐趣。这一招从来不会奏效。

如果规则要求所有秘密圣诞礼物参与者必须制作纸托蛋糕作为礼物，你却带来一份五层高的婚礼蛋糕，那么和你的礼物相比，他人的礼物就会相形见绌，没人会欣赏你的做法。不仅如此，那个收到你的礼物的人因为遵守了规则，并没有给予你相应的回报，他内心也会有种难以名状的负疚感。

参加假日礼物交换活动时，一定要遵守既定规则。如果你仍希望送给别人一件办公室认可之外的礼物（也许你们私下是好朋友），你尽管送好了。不过，你应该在下班后送，并且远离工作场所。你不应该引起其他人的额外关注，不要让别人对你吐舌头。

如果你是团队里的新人，没有机会认识其他人，你该怎么办？碰巧你遇上了礼物交换活动，你从帽子上扯下写有名字的便条，上面显示“卡尔”。你心想:“这个人是会计还是办公室经理？”你怎么才能知道这个陌生人是谁呢？你可以悄悄走近“卡尔”，也可以把名字带回家，私下打听他的信息,但最佳方式是,直接找卡尔聊聊。有点吃惊,对吗？不必吃惊。利用假期找人聊天建立良好关系，不仅可以让你们成为更好的同事甚至朋友，还可以了解双方兴趣爱好。相信我，如果你的同事打开秘密圣诞礼物，发现你买的礼物和你们之前的聊天有关，他一定会高兴得合不拢嘴。这说明你当时在倾听他，在关注他。这种社交方式值得称赞！

建议 7：对身处尴尬不自知的同事给予善意提醒

艺术家说，灵感可能源自任何地方。这个话题的灵感就来自我本人的一次经历。有一次，我去咖啡店喝咖啡，下巴上挂有一小块血痂，那是我早上刮胡子时留下的。我穿衣服时就注意到了，但我出门时忘了把它揭掉。它并不是一个大伤疤或者别的什么，只是我不小心割伤自己的结果。很明显，咖啡店收银台后面的两位大学毕业生并没在意……我去上班时门口的保安也没在意……路上遇到的四位同事也没在意。最后，一位“真正”的朋友告诉我说：“伙计，你脸上有个血痂！”他两个小时前在哪儿？

我能理解，告诉别人脸上有东西很难，不管它是血痂，还是鼻屎。但老实说，大多数时候你认识的那个人并不想让自己的脸上黏着东西走来走去。实际上，就像我的办公室同事那样，一旦有人告知他脸上有东西，你就会听见他发出羞愧的叫声。

是的，粗鲁地指着别人大声嘲笑是错误的，但与此同时，如果方法得当，善意的提醒可以让人避免遭遇更多尴尬。我们都很感谢这样的提醒！我的理解是，指出别人鼻子上的鼻屎似乎很无礼，但让他们知道自己下颌上挂着东西总比让他们在不知情的情况下去见客户强上几倍。

因此，你该如何委婉地告诉别人，他的脸上有外来入侵者呢？你有几种选择：首先，小声喊他的名字，或者在没有人注意时拍拍他的胳膊。然后，转过头，轻轻用手摸一下鼻子，暗示他脸上有异物。这是提醒对方“鼻子上有鼻屎”的国际通用语。或者，趁人不注意时提醒对方，小声对他说：“快点，你鼻子上有东西。”这样他很快就会注意到它，然后将其清除掉。

如果这些方法不行，你可以采用高中时常用的方法——递纸条。有一次开会，我的一位同事脸上有异物。为了不让她陷入尴尬，我在手机上写了一行字：“你左脸上有个东西。”然后在桌子下方展示给她看，假装给她分享一封重要邮件。这样做效果非常棒，她很快处理了那种状况，没有人注意到发生了什么。总之，人们会对你善意的提醒心怀感激。需要注意的是，你必须小心谨慎地提醒对方。

建议 8： 上班不宜讨论政治

每次美国大选年期间，各种政治喧闹声将会从春天到秋天一直轰炸你的耳朵。随着总统选举临近，政客们各种令人恼火的承诺开始泛滥：

世界和平、低油价、医疗保险改革……只要打开电视，每隔一个商业广告就有一个政治候选人在向你拉选票，同时竭尽所能地诋毁对手是恶魔。点开 Facebook，页面上全是关于不同候选人的讨论，就像醉汉之间的激烈争论。

驾车上班途中，随处可以看到矗立的广告牌，告诉你谁是正确的政治人选。接下来，当你踏进办公室，争论马上开始升温。每个人都有自己的观点，也许你没有意识到，每个人都是正确的！

我不是政治天才，但我知道我有自己的信条，我知道该在哪儿讨论政治诉求。我知道其他人可能不同意我的观点，但美国生活的美好之处在于，我们都有信仰自由，都有权表达自己的想法。然而，在职场当中，有时这种自由如同一匹脱缰野马，逐渐脱离你的控制，最终让原本正常的员工变成一群粗鲁无礼的野兽。

例如，你是否曾经和人讨论过《绿巨人》，而对方突然会对你大声咆哮，或者从一开始他就认为只有像疯子一样大吼大叫才能清晰表达自己的观点？谈到政治时，人们更容易激动，最后获胜的总是嗓门最大的。我自己从来没有这种能耐。

一旦失去控制，你就输掉了全部信任。当你开始像 20 世纪 90 年代纽约证券交易所里的交易员那样尖叫时，办公室里不会有人愿意和你谈论政治或其他任何事情。一般说来，大声和同事争论非常失礼，更何况在满屋子的同事面前比赛谁的嗓门更大！

就像酒吧决斗一样，如果你认为真有必要争个输赢，可以去办公室外解决，而不是在办公室厨房中决一胜负！如果同事认为他们必须谈论政治，那么他们应该只在指定区域谈政治——除办公桌、办公室或者厨房之外，任何地方都可以——当然还要遵守时间规定。什么时间合适？没错，这是大老板应该考虑的问题，但我可以告诉你什么时间不合适：开会期间、和客户举行电话会议时、假日派对上、集体外出时或者迎婴派对[1]时，这些时间都不适合谈论政治。

最后，为了避免在办公室造成政治喧嚣，最佳办法是不允许谈论政治。在我朋友的办公室，老板相信他喜爱的球队一定会赢得超级碗杯[2]。为了避免争论，他定了一条规矩，谁提起超级碗，谁就必须在大鱼缸里丢一美元硬币以示惩罚。到了球赛季节，这些罚金可以用来举行一场比萨派对。这并不是一个让员工掏钱买比萨的阴谋诡计，这是一种禁止上班时间争论的聪明办法，妙极了！

政治不像卧室里的大象，也不是无法回避的话题。如果你不是在选举办公室工作，它和你的工作就没有多大关系，所以，上班期间应

[1]起源于美国的一种派对文化，夫妇在孩子出生前举办的一种聚会。

[2]“超级碗”是美国国家美式足球联盟的年度冠军赛，一般在每年1月最后一个周日或2月第一个周日举行。

该避免谈论它。否则，在你大肆宣扬自己的观点后，却发现你的老板完全不同意你的看法，现在想想看，你是不是像个白痴一样？那样做一点也不值。

建议 9：吃零食≠开派对

无论在哪里工作，你都会发现，从早忙到晚肯定会让你精疲力竭。我们应该怎么办，吃点零食？我把吃零食当作一件严肃的事情。我的同事都知道，每次进入我的办公室，他们都会收获一堆脆饼、糖果、花生之类的点心。

很多公司都设有零食区，目的是把零食的味道和吃零食的声音集中在一个地方。有时候，零食区可能是厨房，或者是一个无人使用的工位,甚至是老板办公桌上的一个小碗。零食区是职场版的车尾聚餐会。人们带来各种零食，还有你能猜到的杂七杂八的东西，吃零食便成为一次全方位的派对。

“上午 10 点召开的电话会议怎么办？没有几个人会在乎，因为乔安带了自己做的纸托蛋糕！”

可是，伴随零食而来的是各种包装纸、盘子、餐巾、餐具等。这些东西会堆成一个大垃圾堆。你见过人们在办公室零食区大快朵颐之后的惨烈场面吗？就像一次大决战，到处弥漫着乔安的蛋糕味，四处散落着史蒂夫的苹果派碎屑，仿佛刚经历过一次野蛮的洗劫。

表面上看，人们在填饱肚子时往往会忘记礼仪。有些人会在那张邋遢的装满美味零食的办公桌旁驻扎下来，最后把包装纸丢满地板，保洁人员要忙活很久才能将其清理干净。那毕竟是他们的工作，对吗？不对，一点也不对。保洁人员的工作的确是打扫卫生，但他不会帮你擦掉墙壁上的糖霜，因为那样会打扰你的工作。不仅如此，每次看到餐桌或地板上丢满垃圾而垃圾桶就在脚边时，我都感到无比震惊。真的，这是正常人该做出的事吗？

说到在办公室吃零食的礼仪，我们必须记住，大家都是成年人，不是生日派对上蹒跚学步的孩子。办公室是办公场所，不是“周二可以大吃一顿”的金色科拉尔餐厅。是的，你的同事都很不错，为大家带来各种好吃的零食，但你必须保持一定的职业水准。

无论如何，你都不会穿上一件沾有大片污渍的衬衣去参加会议，不是吗？既然如此，你为什么要破坏你的工作空间，留下一片狼藉呢？因此，吃零食时，你一定要尊重办公室财产，还有你周围的人。请使用垃圾桶，并且擦掉洒落在地上的任何垃圾，无论如何不要让丢在旮旯里的食物腐烂发霉。

另外，在办公室吃零食是一种公共活动。最好能把你带的零食拿

“听着，瓦尔特，其他员工认为你吃零食的习惯有点……嗯，有点让人恶心。你下次能不能换成爆米花或者脆饼干？”

出来和大家一起分享。如果你节省了一大堆打印纸以备不时之需，你的同事正好需要几张，你一定会把自己的拿出来和他分享，不是吗？如果你唯一的订书机空闲下来，你应该让别人借去用一下。因此，如果你参加办公室零食聚餐，你也应该尽力回报他人。我并不是要你从法国南部带一堆稀有食材来，你要做的只是给汤锅里加点什么。

不过，在你出门买零食前，一定要考虑下周围人的口味。不能买那种用刺鼻香料制成的花哨的有机能量棒，否则会在大厅里激起一连串反应：“这他妈到底是什么味道？”选择一些既安全又常见的零食，如椒盐卷饼、饼干、糖果等。避免可疑的零食，不要翻眼看我，炸猪肉皮就属于可疑零食。

现代礼仪专家小测验

如果你和同事外出吃饭，你的同事们每人花了 30 美元，你只花了 10 美元。埋单时，有人说：“我们来平摊吧。”这就会让你多掏钱，你该怎么办呢?

A	B
随大流，一声不吭地多掏几美元，打掉牙往肚子里咽。	吃完就开溜，在埋单前找借口离开。
C	**D**
先掏 10 美元，当你再掏剩下的 20 美元时，假装晕倒，希望大家分散注意力，从而避免多掏钱。	心平气和地说：“嗨，伙计们，我只吃了一份开胃菜，所以我付 15 美元，好吗？”

答案：D

当你为自己付钱时，一定要开口说出自己的想法。如果只相差几美元，而且你也支付得起，A选项是可取的。然而，如果你被人利用了，那样做是不可接受的。这时，如果只付你该付的部分，你不会被看成一个缺乏公平精神的人，反而是一个负责任的成年人。

说出你的想法也许会感觉不舒服，可为了维护自己的利益，这显然是值得的。关键是要平心静气地说出来，不能小题大做。此外，如果和你一起吃饭的人甚至不会计算一道简单的算术题，你一定不愿和他们共事。

现代礼仪专家的职场社交工具箱

备好零钱。外出吃午饭或晚饭时，信用卡自然最方便，可以均匀地平摊账单。然而，有时现金为王。我建议你至少准备20美元零钱，埋单时，你可以准确支付自己的费用，让其他人自己去做算术题吧。

适当的零食。去开会时边走边嚼口香糖是一回事（开玩笑的……这样做一点也不酷），带一大袋子零食则是另一回事。一小时不吃东西，你也不会饿死。如果把零食带进办公室，一定要把包装封牢，以免其他人闻到气味。讲究卫生和整洁才不会引来令人尴尬的目光。另外，如果你忘了你带来的零食，而且它已经开始腐烂，密封牢固的袋子至少不会让霉菌逃出来。

咒骂罚款。就像经典情景剧《辛普森一家》中的情节，霍默有一只咒骂罚款罐，我建议你和同事们也制定一项计分制度，一周咒骂最多的人得分最高。到了周五下午，他必须为全体职员买炸面包圈、比萨或咖啡。这样一来，你也许会对人们的咒骂不以为意，但对改善情况肯定有积极作用。

制订计划。你手头最重要的工具就是时间表。是的，制定时间表是一项技能，如果运用得当，它对我们所有人都有益。如果你外出吃午饭或者和同事们一起喝咖啡，在手机日历上设置提醒，到了预定时间铃声就会响起，提醒你回去的时刻马上要到了。这种方式可以让整个团队都知道该回去工作了，没有必要一直看钟表，也不用担心老板会因为你迟到两个小时而斥责你。

不要袒胸露背。在健身房和同事们一起健身时，你不能展示你“真正的健美”之处。如果你通常爱穿紧身衣，在办公室健身房内最好穿保守一些。请把你身上的任何文身或穿孔盖住，尽管这些可能在十七岁时看起来很酷。如果你是健身房肥猪型人物，喜欢在举重时尖叫，请在健身时控制好自己。不要让自己在举重凳上累到瘫倒,也不要把你的同事都吓跑。第一，你看上去像一个疯子，满脸涨红，青筋迸出；第二，……哦，没有第二，还是看看第一条吧。

5

领导、同事都在朋友圈……

嗨，小心你触犯了（赞了）谁！

网络社交，公私分明是最基本原则

无论你喜欢与否，我们每天 24 小时都处于监视之下。我们手中的智能手机时刻在跟踪我们，年轻人对手机的沉迷就像病毒一样迅速蔓延。社交媒体和互联世界已经成为我们自身品牌的代言人。

——安德鲁·伯格，B’ more 有机食品公司共同创办人

每天清晨，无数人醒来后的第一件事就是点开他们的 Facebook，看看自己的 3000 位密友从昨晚到现在都干了些什么。有人找到了一份新工作？有人订婚了？有人“赞”了你前天贴的照片？我们情不自禁地

查看这一切。Facebook、推特、YouTube、照片分享、品趣志、领英、谷歌……都已成为我们生活中的主要部分。你无法避开它们，实际上，如果有一天你离开了社交媒体，你会感觉……缺了点什么，我敢说，你会觉得自己脱节了，或迷失了。那种感觉就像蛋糕没有加冰激凌、球场看台上没有喝醉的球迷，或者成人礼上没有人跳脱衣舞。我们越是关注社交媒体，就越难将真实世界和电子世界分离开来。

浏览网络上的社交媒体是一个逐渐学习的过程，在职场中使用社交媒体也应如此。今天，准雇主们在提供工作机会或升职机会前，经常会查看你的 Facebook 页面。即使你搞定了面试，并在离开前已经让面试官开启了香槟,一次不经意的 Facebook 浏览也可能使你前功尽弃。

为什么？哦，对了，你的大学校友刚刚在 Facebook 上贴出你大学时冠军派对上的照片，你当时倒挂在球门柱子上，身上只穿了一条内裤，脸上堆满了笑容——一队警察正在球门下方等着你。现在，如果那种照片不能让人惊呼你为“月度明星员工”，我不知道还有别的什么可以了。

每个职场在社交媒体使用接受度方面都有自己的原则。有些职场欢迎社交媒体，并允许员工在任何时间访问它们，而另一些职场则会用防火墙阻止社交网站，禁止员工在上班期间访问它们。即使你的工作本身就是社交媒体，你目前在职场中的自我管理方式也与踏入办公室前大相径庭。不幸的是，许多你认为“有趣”的东西必须重新加以评估，只有这样你才能在职业生涯中取得进步。尽管你在社交生活中的优先选择是确保所有“朋友”了解你一天中的所思所做，但在商务世界中，如果你希望被人视为专业人士，你必须明智地管理自己的社交网络。

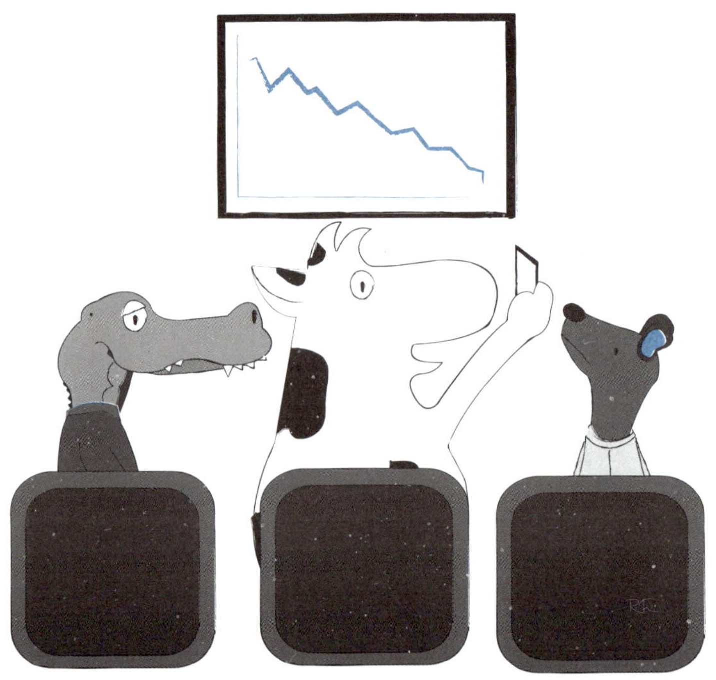

“老兄，我只是在推特上贴了一个 # 寻找新工作 # 的标签！”

不要误会——你仍然可以张贴那张狂欢派对照片，或者忍不住对朋友做一些自作聪明的评论，但你必须注意分寸并考虑后果。去年除夕你在停车场上一边裸奔一边喝龙舌兰酒的照片能贴上去吗？也许这张照片不适合展示你的专业素养。你在推特或者领英上展示自己时，也要考虑同样的问题。因为一旦进入公司环境，你就代表着公司的形象，而公司不会容忍到处发表仇恨言辞的人，即使你声称你是为了好玩和讽刺，他们不会接受任何解释。

幸运的是，这里有一些办法让你既能使用社交媒体协助工作和寻找乐趣，又不会让你丢掉工作和幽默感。

专业人士观点

内尔·布鲁门萨尔

沃比派克眼镜公司共同创办人

• • •

每当公司将一项原创性的革新运用在某种眼镜上，我都会非常开心。多数人认为我们成功的秘密只是制作一副墨镜，然后希望名人戴上它们。某种程度上他们并没有说错。但是我那些来自沃比派克公司的朋友们却采用了一种颠覆性的方法，完全重新定义了眼镜行业。他们不是追逐名人效应，而是鼓励真正购买和佩戴眼镜的人成为沃比派克团队中的一分子。其中一种方法是组织一次越野公路旅行。他们驾驶一辆老式校车，内部设有几排橡木架、一块黑板、一个图书角，以及精心挑选的沃比派克镜框，校车驾驶员是该公司员工。这就是有名的沃比派克课堂旅行，其目的是直接将沃比派克体验传递给全国各地的客户。公司团队希望确保所有人都知晓他们即将前往乡镇旅行。因此，公司在Facebook、推特、照片分享上发起了一次规模很大的社交媒体营销活动并且取得了巨大的成功。

显然，沃比派克公司的人们已经掌握了社交媒体应用艺术，所以我希望和该公司的创始人之一——内尔·布鲁门萨尔聊聊，听听他对办公室社交媒体礼仪方面的看法。

内尔告诉我，雇员在网上会和粉丝及其他公司互动，但是，哪些行为合适，哪些不合适，这之间有一条界线。沃比派克公司团队对待网络名声十分严肃，他们明白，社交媒体上的任何一条错误帖子都可能会引发多米诺骨牌效应，最终会给品牌带来负面影响。

> 我们非常严格地遵守国际社交媒体政策。未经允许，员工绝对不能对媒体发表关于本公司的任何言论，但我们鼓励员工对公共领域发表看法。我们希望员工谈论他们的工作经历、他们学到的东西以及工作是否有趣等。这样做可以激励员工并能提高生产效率，还可以帮助我们招募更多人才，赢得更多客户。但在适当的公开分享和越位之间有一条界线，我们希望员工可以更好地行使自己的判断力，形成良好的控制力。

除确保员工清晰理解这条“界线”之外——每家公司都有不同的界线——沃比派克公司管理层还会重点关注准员工在社交媒体上的表现，然后再最终决定是否同意他加入团队。

> 我们选择员工时非常严格。我们希望了解这个人是否具有良好的判断力，因为在社交媒体方面，私人聊天和公共领域之间的界线经常模糊不清，或被错误理解。我们在考虑一个候选人时，会将他们如何在社交媒体上表现自己和他们的推荐信置于等同重要的位置上。

使用职场社交媒体的八大建议

建议 1：Facebook 礼仪，点到为止

在你的生活中，同事也许不是你最亲近的人，但一般说来，你和同事见面的频率要高于其他任何人——包括你的未婚妻、兄弟姐妹、父母、孩子。因此，我们自然会在社交媒体上将我们的同事归到“朋友”一栏。然而，有人会忘掉这样的事实：当你邀请人们关注你的 Facebook 世界时，他们将会看到你生活中非常私人的一面。

我们要清楚一件事：Facebook 是公开的。如果你贴出了自己的电子邮件地址，就会有人给你发邮件。如果你贴出自己的照片，有人看见后就会发表见解，你不要对别人的评论感到沮丧。你可以把 Facebook 想象成邀请你认识的每个人参加的一次大型会议——每次贴出一些东西，几乎就等于你跳上台，面向整个会议室大声讲话。

人们往往会忘记 Facebook 有日期和时间印记（精确到分钟）。这一点为什么很重要？假如你在参加会议，当时正在聆听一次重要陈述，但你在 Facebook 页面上更新了你支持球队的加时赛。尽管你的眼睛在说：“我在听你讲话，你讲得好极了！”你 Facebook 上的时间轴却在说：“我这会儿真的不在乎这场会议在谈些什么。”如果你为一家经常查看

雇员社交媒体的公司工作（许多公司都这样做），你最好相信有人会注意到你的更新，要不了多久，你的上司就会找上门来。你该如何解释呢？

> 你的私人生活和你的工作生活不应该是互不相干的维恩图[1]。当然，你可以在办公桌上摆放照片，也可以和你的同事聊私生活，但一切应该点到为止。如果你迫切希望在 Facebook 上贴一些东西，向你的家人或朋友展示自己，请在下班后展示。我在家上班，如果我登录 Facebook，看到有人上线，我头脑中冒出的第一个想法就是："有人成天没事干。"这就是我要在下午 2 点登录 Facebook 的原因。
>
> ——本杰明·奥古斯特，编剧、制片人、选角导演

建议 2：正确处理好友添加申请

如果你收到添加好友的请求——无论这些请求是来自你三年级合影后从未谋面的同学，还是来自你感恩节期间未曾说过话的怪癖亲戚，或者是你的同事，你都很难拒绝他们。不用担心，这里有几种方法让

[1] 也叫文氏图，用于显示元素集合重叠区域的图示。

你轻松拒绝添加好友的请求，同时不会让你看上去像一个不善交际的傻瓜。

应对不受欢迎的添加好友请求的方法之一是，同意接受该请求，但阻止他们看你的更新，或者更好的方法是，不看他们的更新。这样一来，他们就无法获取你更多的情况，同时也避免因为拒绝对方请求而尴尬。如果选择不看他们的更新，你就会眼不见，心不烦，仿佛你从来没有成为他们的虚拟朋友。但是，你应该意识到，他们最终会注意到你阻止他们看你的更新。那么你就告诉他们，你一直忙着工作，没有时间更新。

还有一种简便的补救方法。如果你担心会给朋友带来潜在尴尬，也担心在同事面前留下坏印象，你可以开设一个单独的 Facebook 账户，专门用于商务联系。这样你就有一个清晰的职场专用 Facebook 页面，你仍然可以通过个人页面关注那些狂热的朋友。如此一来，你就可以随意接受同事添加好友的请求，将其加在你的商务专用 Facebook 账户上。

最后一种方法是，不让任何人进入你的 Facebook 页面。如果你不接受他们的好友请求，他们会对你感到恼火吗？也许。但是为了避免一点紧张值得牺牲你的职业声誉和生计吗？不，不值得。而且，说实话，你 Facebook 上的所有朋友中，有多少是你经常见到的呢？是每天或每周吗？也许没有那么频繁。因此，如果你不希望在现实生活中和某个人打交道，邀请他们在网上了解你的私生活有意义吗？如果那个人没有从你那儿获得加为好友的许可，生活仍将继续。现实的情况是，如果你在纠结是否接受他们加为好友的请求，他们就不可能是你的真正朋友。

建议 3：发微博要三思而行

我喜欢推特！推特上的现代礼仪专家朋友们都很了不起！然而，并非每个人都像我一样喜欢他们。我发现推特倾向于两极化：你要么喜欢它，要么讨厌它，不可能有中间立场。那些“喜爱”推特的人很快就会发现，“厌恶者”并没有遵守正确的推特礼仪。

我想，用不着详细叙述推特造成的糟糕后果吧……哈哈，这是开玩笑的。从安东尼·维纳议员的不雅照（是的，多么好的例子！）到世界各个角落的醉汉呓语，人们容易忘记的是，一旦你在推特上发布某个讯息，它马上就有了生命！是的，你可以删掉一条推特内容，但如果有人已经看见它（比如一看到安东尼的不雅照，嗅觉灵敏的记者很快就抓住不放），就会把它留在他们的关注内容中，直至他们刷新或者清屏。当然，别人还可以截图推特内容，将其留为永久性攻击武器。

在某些情况下，让那些在推特上发表不当言论的人尝尝后果未尝不是一件好事。是的，就是你，维纳先生。但是，在任何情况下，小心谨慎地发布推特内容始终是比较明智的做法。

人一旦上网，立刻就会变得滔滔不绝，坐在电脑背后的每个人都有一双健硕的键盘手。我们可能想当然地认为，每个人都和我们一样有幽默感，无论它是多么病态或怪诞。然而，说到推特，最关键的是要记住击键规则：如果你不能说出动听的话，最好闭嘴。因此，如果你认为你有可能冒犯他人，他们很可能真的会被冒犯，而且你看上去就像一个恶棍。

在你点击“推特”前，最好从你老板的角度考虑一遍你刚才写下的内容。一旦他读了你的推特，只要有可能认为你是一个疯子，那么你写下的这 140 个字很可能不值得发布。顺便说一句，没有法律规定你必须在推特上写什么，也没有法律要求你必须拥有粉丝。我有好几个推特账号，其中一个只用于跟踪新闻动态。就像每天阅读报纸一样，你不必给作者发电邮，对他说，你喜欢他的文章，是因为你读了它。推特是一种选择性加入系统，因此，如果你积极使用它，好极了！如果你不感兴趣，也没什么害处。当你的推特和你的事业合二为一时，你要确保你能意识到，这是一个和平时完全不同的赛场。

建议 4：领英礼仪，工作第一

与 Facebook 或推特不同的是，领英可以清楚地告诉你为什么要把工作放在首位。领英是你寻找工作的最佳途径，也是你了解公司名人的最佳选择。有关领英最重要的是，这不是你卖萌或撒野的地方——它是为你的事业而生。仅此而已。

当你在领英上展示自己时，一定要像在职场背景中介绍自己那样展示自己。你同意每个人都可以联系你吗？回答是“是”——只要他们能满足你的职业需求。你在领英上应该经常就这个问题问问自己。这并不意味着你只能同你本专业内的人联系，因为你不知道什么时候一个从事平面设计的联系人可能会帮你制作商务名片，或者一位律师联系人会给你的法律问题提供建议。有了领英，我们的包容性更强。因为你在领英上和人们的日常交往更少——这些互动倾向于职业性质——和一个不同领域的人交往不会对你造成多少威胁。这就是为什么我对请求加为联系人的默认回复是“同意”。

然而，凡事必有例外。你可能不希望和某个背景模糊或者名声不佳的人联系。一旦和这种人产生联系，你和很多“好人”的联系就可能受到破坏。如果你收到一位“声名狼藉”的人发来的联系请求，只管拒绝好了，你无须为你的决定解释原因。如果这个人对你穷追猛打，不把你加为联系人誓不罢休，或者非常想和你会面，并且发来请求，你可以回复他，但不要接受联系请求。这听上去有点奇怪？也许。但想想究竟是自己的名声重要还是他的名声重要？所以，你自己决定吧。

关于领英，我还要说一说另外一种情况：加入到一群志趣相投的专业人士中是拓展社交网络的不错方式。然而，领英不是一个用自己的观点与别人 PK 的地方。领英上的各种团队在这里分享建议和资讯不是为了掐架和争论。因此，还是把那种流氓习气留在 Facebook 上吧。

建议 5：照片分享，别乱用“幽默”

我几乎每周都会上 Facebook，从不间断。我在 Facebook 动态消息上经常看到这样一句话：“快来瞧瞧这个！”于是，我点开图片，结果只看到有人贴了一张朋友或家人的照片，而且看上去并不太酷。我们都会遇到这种情况，而且大部分时候，一点开照片，我们就会希望这个人在贴照片前动动脑子。

我知道你可能会这样想：我把沃尔特表弟在新年派对上喝醉后差点尿在自己身上的照片贴上去有什么不妥呢？无论你觉得一张照片有多么幽默，你必须为它公之于众带来的后果做好准备。如果沃尔特表弟的老板看到这张照片会怎么想？如果沃尔特的经理思想保守，认为这种行为不当，然后把他炒鱿鱼怎么办？他以后怎么养家糊口，怎么给孩子交学费？你真愿意带着这种愧疚感生活吗？我想你不会。

你觉得 Photoshop 的创立者们已经意识到他们的工具会给人们造成多大羞辱吗？我怀疑，他们编写代码的时候，已经预见到将来某个熊孩子会把他老爸变成一具僵尸。是的，Photoshop 经常用于增强照片效果——让它看上去更漂亮（或者更恶心）——但今天人们会把任何东西塞进 Photoshop，然后加上一句搞笑的引语，一张剪辑画，最后发送给所有人，它必定会在网上引起轰动！

不知为何，人们的幽默感居然伴随某些不太友好的照片编辑一起增长。还记得你的好友在假期派对上唱“天上下着男人雨”时拍摄的照片吗？现在有了 Photoshop，你可以轻而易举地在这张照片上添加其他“乡下人”乐队成员，然后凑成一个新乐队。我相信，那正是你的朋友想换工作的原因。

相信我，如果你让他们看上去比实际上更笨拙，醉态比实际上更丑，或者更糟糕的是，在他们头上安上种族主义、性别歧视，或其他冒犯性的标签，办公室里没有人会欣赏你的幽默。正如我之前说过的，一旦你在网上贴出某种东西，它就会有自己的生命，如果它开始像病毒一样传播，你很难阻止它。因此，下次在网上贴照片时，如果只是为了搞笑，你可能会掀翻友谊的小船，或者更糟糕的是，丢掉工作。

也许是一次愉快的户外夜生活，也许是一次欢乐的假日派对，也许是一次和家人在一起的沙滩聚会——无论何种活动，没有什么能像照片一样记录你的甜蜜回忆。而且，没有什么会和看见一次记录你罕见失败的照片那样彻底毁掉你一天的好心情。

我们的 Facebook 上都有一些不知从哪里蹦出来的“好友”。在某个心情愉快的清晨，他向你发来加为好友的请求，你心想：“嗯，过了这么久，这家伙可能成熟了。为什么不加他为好友呢？”但接下来你发现，你在十五年前被拍摄了一张照片，正在欢唱“祈祷在绿蛙餐馆吃上四个玛格丽特大面包”。当时看上去十分滑稽，但现在你正努力把自己打造成一个负责任的执行高管，如果滑稽一刻在公共场合重现，肯定不再那么好笑了。你对这种乏味的照片该做何种反应？你应该友好但坚决地要求冒犯者删除照片，然后解除好友关系。如果对方拒绝删除，你可以将照片报告给 Facebook，让管理员帮你删除。

无论看上去多么搞笑，不要标记或发布让别人感到难堪的照片。你永远不知道会产生什么样的多米诺骨牌后果。如果有疑问，请先询问对方。

建议 6：视频分享，小心有趣变噩梦

建议 5 中提到的 Photoshop 有一个邪恶的同胞兄弟，我称之为“绝妙的 YouTube 视频”。它通常是这样的：上午我正在忙着处理工作邮件，突然听见楼下大厅里有聊天声，随后很快传来一阵开怀大笑的声音。十秒钟后，我的邮箱收到一段要求立即点开的视频。这样一来，那段绝妙的视频就像流感一样很快传遍办公室。就像令人憎恶的季节性病毒，你不可避免地会接触这种“史上最牛”的 YouTube 视频，你唯一的希望是尽量降低其影响。

我们都是社会化动物，自然希望分享一些有趣的东西。无论是一个老人从椅子上跌落下来，还是一只猫蜷缩在留声机上，或者是一段糟糕的婚礼舞蹈，我们都会情不自禁地点击“发送”键，希望和其他人分享你的快乐时光。但有抵触的应该排除在外：某些人觉得有趣的东西，可能并非所有人都觉得有趣。

给办公室里的每个人发送视频——无论你认为它多么有趣——最后总会变成一次梦魇，因为你从来不知道它可能会冒犯到谁。即使它完全没有冒犯之意（留声机上的一只猫，棒极了！），也不可避免地会让人分心。如果一段视频发出刺耳的声音，引起人们哄堂大笑，有人很可能会抱怨，因为你的爆笑打断了他的电话，或者干扰了客户会议。

还要注意一件事：千万不要给一个人的工作邮箱发送视频。我有许多朋友在政府部门工作，他们使用的办公网络都装有扫描可疑内容的程序。一位同事给别人发送了歌手凯莎的一首名为《爆炸》的 MV，你可以想象它被标记的速度有多快。不用说，“爆炸”这个字眼在政府电邮里很快就会引起监督部门的注意。半个小时后，她接到安全部门打来的电话，经过一番解释，她受到了口头警告，那种滋味就像学龄前儿童被逮到吃蜡笔一样。

分享绝妙 YouTube 视频时，你最好注意以下几点：1. 下班后通过个人电子邮箱发送或接收视频。2. 不要让一大群人像疯子一样聚拢在你的办公桌周围，个个笑得前俯后仰。3. 时刻要提醒自己，办公室里肯定有扫兴之人，也许他会认为一个六岁的孩子击打他老爸的胯部一点也不好笑。（准确地说，撞击胯部的视频的确令人感到好笑。当然，你应该在工作之余观看它。）

专业人士观点

萨姆·塔兰蒂诺

鲨客音乐网站共同创办人兼 CEO

• • •

鲨客是一个令人惊奇的在线社区，它提供免费的音乐流、在线广播，并为艺术家和朋友提供社交平台。

多年来，在鲨客的帮助下，成千上万的人通过自己喜爱的音乐进行社交，将自己的播放列表和Facebook、推特之类的网站链接起来。网站CEO萨姆十分重视社交媒体对职场造成的影响。他了解我们在平衡媒体世界和职场生活时所遇到的困难。

说到社交媒体，鲨客公司的每个人都非常尊重对方。我们仍然是一家小公司，因此我们就像一家人一样相处，我对此感到非常骄傲。如果有人出现任何问题，我们会直言不讳地告诉他，避免情况失控。

公司高层直接负责定义职场社交媒体礼仪方面的概念，并且亲自为适当行为和禁忌行为定下基调。事实上，这是一种不断平衡的规定，每位雇员根据自己的情况关注来自管理层的信号。如果你不确信你在网上贴出的东西百分之百符合老板的要求，你就不要冒着丢工作的风险去贴它。要么重新选择措辞，要么放弃。

建议 7：回复邮件和信息，“发送”前别忘确认

在构思这本书时，我把自己职业生涯中犯下的错误都列了出来，这是一个很长的清单。幸运的是，我从我犯下的错误中学到了东西。但无论是我骂了老板、开会时迟到、把上班忘到九霄云外，还是决定在外边玩到凌晨 3 点，不去参加第二天早上 7 点的会议，都算不了什么，我的意思是，这些和处理电邮时的“回复全部”相比，真的算不了什么。

这里有一个真实的故事：我有一个朋友在一家保守的金融服务公司上班。一天，他收到人事部经理发来的一封有关公司夏季郊游的电邮。在这封邮件里，经理介绍说，这次郊游的主题是“狂野西部”，每个人都要带一些符合主题的食物，比如红辣椒、牛肉、玉米棒等。因为发送邮件的人是戴维的朋友，而且也爱开玩笑，于是他就轻松地回复说：“狂野西部？我打算带一些烤豆，然后就像电影《灼热的马鞍》上那样，大家围着篝火表演节目！我们饱餐一顿，每个人爽到放屁！这一定会是史上最嗨的郊游！”然后他点击了“发送”，邮件立即发了出去并进入公司所有员工的收件箱……事实上，他点的是“回复全部”而不是“回复”。

最糟的是，他当时没有意识到这一点，只听见几个工位传来一阵爆笑声，但他没有多想。后来，当他走进大厅时，一位同事迎上来对

他说："哟嗬——嗬，老兄！"

"奇怪。"他心想，"怎么回事，这家伙怪怪的。"几秒钟后，另外一位同事冲出来，用手捂着嘴巴，发出放屁一样的声音。

"一点儿也不成熟。"戴维想，但他仍然一头雾水。

几分钟后，戴维的手机响了，他看到人事部的朋友发来一条信息：你糗大了……你点了"回复全部"。

当时那种感觉难受极了，几乎让他喘不过气来。他跑出办公大楼，钻进车内，静静地坐在那儿，心想："我真的给 400 个人发了邮件吗？包括 CEO？竟然发了一封关于……放屁的邮件？"是的，他的确发了这样的邮件。

这件事是一个警示。在你点击"发送"前，千万千万不要忘了检查发送对象。记住，你有两种选项："回复"和"回复全部"。前者可以确保你安全，后者却能毁掉你的事业。整整过了一个月，人们才逐渐淡忘戴维的邮件，更不用说他还受到 CEO 的严厉斥责，告诉他要遵守公司的交流礼仪。好消息是，他从此获得了经验，再也不会点击"回复全部"了。

假如你在回复群发邮件时，不小心点了"回复全部"，又假如你的回复中包含了非专业的措辞，你该怎么办呢？就像《低俗小说》中塞缪尔·L. 杰克逊那样，对着你的电话或者电脑屏幕狂骂自己？是的，这是第一步。但是，即使你那样做了，你的信息还是发了出去。接下来第二步，你必须意识到，除非你像德龙安一样，立即启动你的时光机返回过去，否则，现在，你能做的只是尽量弥补你的失误。

令人尴尬的短信或电邮通常会导致令人十分沮丧的后果，它很快就会引发你急于摆脱的不良反应。然而，如果你告诉收到你电邮的同事或老板，可以看什么邮件，不该看什么邮件，不仅是一件极其无礼的事，也是职业上的一大败笔。这些短信或电邮总会让你难以释怀——尤其是在你寻找新工作时，你的准老板很可能会向你的前老板打听你的为人处世如何。这太可怕了！

我们如何才能把损失降到最低？唯一的办法是把它抛到脑后，然后老老实实地接受指责，低头认错。和编造一堆谎言企图蒙混过关相比，老板会因为你的诚实而更加尊重你。需要注意的是，你的措辞要清晰、简洁，不要拘泥于细节。“我刚才发错了邮件，我意识到了自己的错误。这是一个非常糟糕的错误，我保证以后不会再犯。我向你表示深深的歉意。望你能接受我最真诚的道歉。”这样就对了。无论你做了什么，不要逃避自己的责任。“我当时非常累，有点加班加晕了头。”“我的孩子昨天晚上闹了一夜，我没有睡好。”“是她搞的鬼！”所有这些借口都显得苍白无力，还不如挺身就刃，直面错误。

最后要提醒的是：除非你的老板只有十五岁，否则永远不要通过短信报告重要事情，这会显得你缺乏教养。正确的做法是，发送一封经过反复斟酌的电邮，或者直接给老板打个电话。

建议 8：办公室“战争”？ NO！

无论你所在的办公室有多逍遥自在，无论你在工作上有多少朋友，毫无疑问，你总会遇到一些和你意见不合的人。如果你是成人，是的，我希望你记得自己是成人，和人发生争执时，你可以去办公室外走走，或者去找朋友抱怨一番，说说对方对你如何无礼，当然是私下的。这两者都是处理争执的最好方式。然而，有些人办公期间不能离开办公室，于是他们就把办公室之间的战争转变成网络战争，在推特或 Facebook 上发泄自己的愤怒。

正如我们之前讨论过的，人们在网上更容易变得粗鲁无礼。如果你不小心，事情很快就会升级，最后变成了互相骚扰。如果你和同事争执不休，不仅会让空气中充满火药味，而且也会使整个公司的形象受损——我可以向你保证，老板也会对你感到不满。

我曾经在一个气氛一度非常紧张的办公室上班，同事之间的关系几乎到了剑拔弩张的地步。只要一开会，你就会清晰地看见双方水火不容的样子。一半人坐在会议桌的一头，靠近经理，另一半人坐得远远的，靠着墙，视对方如仇人。这对于公司生产效率和士气有害无益，没有一位经理希望手下人分成互相交战的不同派系。这就是为什么辱骂或者贬低同事是不可接受的行为。即使你的社交媒体账户不归老板所有，但当你把工作带入私生活时，它马上就不再只是你的个人问题了。

如果你是办公室之间社交媒体战争的受害者，不要回击对方，也就是说，不要在网上回击。尽管让对方嘲笑你的帽子很烂、很愚蠢好了，你仍然保持自己的专业素养，沉着冷静。但是，你也不要立即举白旗投降。你需要做的是保持冷静，亲自去面对此人，然后当面解决问题。胆子太大了点？也许吧。然而，正如我在第四章说过的，你需要直面恶霸的欺凌行为，而在社交媒体上慷慨激昂的辱骂也是一种欺凌。

现代礼仪专家小测验

上 Facebook 时，你看到有同事贴出“米歇尔好像要升职了。我猜她和人事部的头头肯定有一腿。真狗血！看来我也该穿超短裙了。我讨厌这种地方”时，你该怎么办呢？

A	B
你应该回复：“不用，无论你穿多么新的衣服都没用。你长得像一个吊死鬼。”	“赞”这个评论。
C	**D**
在对方的页面上为米歇尔辩护，列出她的优点和勤奋。清楚地告诉对方，她的学识和技能是她获得升职的原因。	第二天，亲自去找你的同事，建议她重新考虑她在 Facebook 或其他社交媒体上发布的不实之词，因为每个人都能看见她写的内容——包括老板和米歇尔本人。

答案：D

各位，这是公共场合！这是现场直播！人们经常忘记这个简单的事实，太令人震惊了。我敢向你保证，那个受冒犯的人会发现这一点，很可能会以同样的方式回击。说到在Facebook或者推特上发布与工作相关的负面消息或谣言，无论它看上去多么好笑，多么真实，它一定会引发一场火焰风暴（我特意用“火焰风暴“这个词），和你吐槽后的一两分钟快乐相比，孰轻孰重？不用说，你会让人误以为公司是由一群阴险小人在掌管。如果你继续在Facebook上大放厥词，声称一群“混蛋”或“白痴”在管理公司，你也许会被停职，然后卷铺盖走人，明天再也不用来抱怨了，因为“白痴”已经无法忍受你了。

现代礼仪专家的职场社交媒体工具箱

你的职场名称 vs 你的真实姓名。对于那些爱在社交媒体上贴出各种想法的人来说，为了你的职场声誉，我建议你另外创建一个账号，改变你的私人账号，让别人不容易发现它。你的职业账号上的名称应该和你的商务名片上的姓名保持一致。至于你的私人账号，也就是你从大学起就拥有的账号，应该稍加调整。你的朋友不会对此介意，这样一来，你每天仍然可以吐槽，而无须向你的职业风度妥协。

办公室社交媒体礼仪。很多办公室没有固定的社交媒体礼仪。常见规则会说："嗨，各位，不要在Facebook上贴一些愚蠢的照片，也不要随意谈论你的同事。"这是公司希望大家遵守的拇指法则，这样做当然很好，但还不够。公司必须制定更加完善的指导准则。对此，你可以问问你的老板，如果有这样的准则，你就要了解它的内容，平时注意遵守。如果没有，你可以研究一下本行业其他公司的做法。如果你发现某些较为合理的规定，可以带着你的想法去找老板，然后将你研究了几个小时的独立项目介绍给老板。我敢保证，老板听了一定会高兴得合不拢嘴。

社交媒体上的同事名单。就像办公室电话簿一样，你一定要搞清楚自己的社交媒体上都有哪些人。尽管在这些媒体上谈论工作不妥，但这并不意味着你能在网上和同事们交朋友。这就是为什么你需要创建一个可靠的最新人名清单。这些人的账号一旦上线，你马上就知道他们是谁了，然后就可以加他们为好友或者加以关注。如此一来，你就不会寻思为什么坐在身边的斯科特·史密斯还没有同意你添加好友的请求……因为收到你请求的斯科特生活在另一个国家，他根本不知道你是谁。

活用工作外的时间，你的一万小时需要来点趣味才更有活力……

6

不懂放松就做不了好同事

现在是派对时间！轮到谁站啤酒桶了？

职场聚会：敞开心扉，积极融入

> 如果你对某件事充满热情——尽管坚持下去，它会给你带来快乐，而且会让你成为一个非常棒的员工。请不要担心挣钱问题。如果你坚持不懈，你最终一定会通过增加的爱好挣到钱。我曾经对健康问题非常痴迷，到我四十五岁时，我在健康食品行业里赚到大钱。如果自己早点那样做就好了。
>
> ——安德鲁·伯格，B’more 有机食品公司共同创办人

在你整个职业生涯中，甚至是你刚上班的前几个月，你会被邀请参加职场同事们发起的各种活动。有

些活动很有趣，比如周五快乐之夜、同事们的婚礼，或者迎婴派对。还有一些活动，比如办公室拓展活动或研讨会，也许会让你感觉就像参加一次隐秘拍摄的电视秀，所有人都在挑战你的底线。无论你是否乐意参加，或者是否让你感觉心脏病就要发作了，办公室活动都是必不可少的——即使你不愿意，你也必须让自己成为一个合群的团队成员。

事实上，任何职场同事发起的活动都是一次让你学习经验的好机会。你也许会觉得吃惊，因为参加那些活动实在是太乏味、太无聊了！我差点要按下火警报警器，然后转身离开，怎么会学到东西呢？事实上，在这些活动中，有很多东西会影响你未来的事业，而它们正是你要学习的。我参加过无数次活动，从中学到很多东西，让我不断成熟起来。因此，尽管去参加这些活动吧，好好利用这些机会。丢掉你的负面想法，以积极的心态面对。另外，即使最糟糕的会议或职场拓展活动也会给你提供免费的咖啡。瞧，事情总会有好的一面。

专业人士观点

路易斯·布莱克

《奥斯汀纪事报》及西南偏南音乐节（SXSW）共同创办人

• • •

1987年，成千上万的音乐家和技术迷聚集在美国得克萨斯州边陲小城奥斯汀，举办了第一届西南偏南音乐节。在这些人当中，有一个人从开始到现在一直是这场年度音乐盛典的领导者，他就是大名鼎鼎的路易斯·布莱克。在他的努力下，西南偏南音乐节已经成为世界上规模最大的音乐界人士交流互动的盛典之一。

西南偏南音乐节已经成为一个传奇，所有参加者都有共同的爱好，并且希望彼此交流。这个节日采取一种开放的心态，欢迎各种音乐思想和风格——无论是技术上的、音乐本身，还是艺术上的——而且它已经成为开放思维创造出来的完美典范。

所有公司赞助的活动都有同一个目的：统一员工的日常行为和思想，促进企业经营发展。但事情并没有那么简单。这些年来，路易斯像一颗钉子一样坚强，他的理念是，保持西南偏南音乐节持续发展和成功。道理很简单:“尊重别人，别人也会尊重你。”听上去很容易，但就像任何生命体必须有氧气才能活下来一样，西南偏南音乐节也需要所有人不断工作，不断进步，为音乐节提供动力。为此，我们必须保持昂扬向上的斗志。路易斯是这样解释的:

> 当今世界已经发生了天翻地覆的变化。随着电子邮件、短信、手机的出现，各种新的礼仪规则层出不穷，沟通变得更加快捷。然而，我们仍然要遵守一些最基本的礼仪——分享信息、尊重他人，要求他人提供工作反馈，而不是对他指手画脚。我想，这些方面一如既往地重要。

职场活动生存之道的十大建议

建议 1：团队欢乐夜——守住底线，大胆参加

尽管偶尔会出现“周一综合征”，但工作并非总是一种牵累。实际上，如果你周围有一些不错的人，你的感觉就会大不相同。我曾做过各种梦魇似的工作，幸好遇上许多非常棒的同事，有了他们的帮助，我才不至于走向崩溃。他们都在你身边，不是吗？你上班时总有一小群可以信赖的朋友（参考第四章）。因此，参加大型职场活动时，你不可避免地会被另一些人所吸引。

然而，当你和一大群同事外出参加职场欢乐之夜时，你会遇到什么情况？尤其是有你圈子外的人参加时，你该怎么做？办公室欢乐之夜可以在团队成员之间创造一种友爱，但也可能成为孵化失礼行为的危险温床。

如果你在拉斯维加斯最火的酒吧上班，我并不介意你一天 24 小时过着一种狂野不羁、浑浑噩噩的生活，因为那是你的工作。然而，即使是最狂热的“派对动物”也会遵守某种职业准则，不会忘记自己的本职工作。我并不是说，你不能开开心心地玩个痛快，但在办公室活动中，行为得体并不意味着你会让人感到无聊乏味，我只是不希望你

成为第二天大家茶余饭后的话题，或者需要别人开车送你回家，因为你已经在栏杆上趴了一个小时，口水流到胸前。相信我，你肯定不想成为那样的人。

每个人都有自己的酒量，我相信你和我的酒量肯定不同。因此，你必须知道自己的酒量大小，这一点至关重要。更重要的是，你必须把握好自己的酒量！无论你有多么兴奋，这样的活动只是为了促进工作，而且无论你是否喜欢开怀畅饮，同事们的目光始终在审视你的一举一动，每天都会关注你。如果你在星期五餐厅参加“鸡翅美食”特别聚会时做了一些保守人士认为出格的事，他们可能会把你的行为报告给人事部。另外，你最不该做的事是邀请那个十九岁的实习生开车送你回家，因为他只喝了少量的混合饮料和无糖汽水，你却喝得酩酊大醉。这太让人难堪了！

此外，正如我之前提到过的，如果你在职场上结交朋友，他们可以为你充当后盾，安慰你，帮助你，那种感觉棒极了。然而，如果你和除朋友外的更多人一起参加欢乐之夜，你就需要主动和他们打成一片。为什么束缚你自己呢？为什么不去结识一些很不错的人，在一个清爽怡人的环境中认识更多同事呢？

参加欢乐之夜时，你一定要好好利用这个机会和平时不太接触的其他同事聊聊。或者更好的做法是，主动找你老板坦诚地聊聊。你也许会发现，在严厉的外表背后，老板其实是个性情中人。人们在欢乐时刻总会解除戒备、敞开心扉，所以你应该和那些你平时很少接触的同事展开互动，这是建立社交网络并了解同事工作的绝好机会。也许你会发现，没有赶工或者急着参加会议时，其他办公室的人居然如此有趣。你可能会了解到：

- 约翰来自法律部门，他竟然是一位业余笼中格斗高手。
- 克里斯汀来自市场部门，曾在迪士尼乐园扮演灰姑娘给自己挣大学学费。
- 西蒙来自会计部门，看上去和你的曾祖父一样老，但他是一个“嘻哈”迷。
- 保罗来自技术部门，曾是美国乒乓球国家队的队员。

瞧，这样的信息数不胜数，尽管去了解吧！相信我，每当我告诉人们说，我是一名职业摔跤手，你知道我听过多少次“你在开玩笑吗？”我的意思是，我并没有刻意隐瞒自己的职业，但在日常聊天中，你很少会涉及这样的话题。

建议 2：假日派对——千万别失控

假日派对和办公室欢乐之夜十分类似，也是你放松自我，和同事们一起纵情欢乐的美好时刻。你已经工作了很久，忙碌了一年，假日派对是为了奖励你对公司做出的奉献。无论是在豪华大酒店举行盛大庆典，还是在附近小餐馆召集团队成员小撮一顿，或者在老板办公室里分吃比萨，你都可以展现自身职业素养，同时祝愿每个人过一个快乐、健康的新年。

不可避免的是，假日派对的庆祝风格有可能走向极端。总有一些人过分沉迷于节日狂欢。谁会责备他们呢？我想说的是，我们努力工作，我们都是成年人，偶尔放松一次，有何不可呢？

我同意，完全同意。然而，人们有一个错误想法：现在不用上班了，周围都是朋友，他们不会在意发生什么，或者第二天早上不会记得发生过什么。

这不是真的。

晚上去参加派对前，你仍然要记住这是老板发起的派对。你有两条路可选：仍然保持积极向上的行为举止；或者直接回到起点，把你从上班第一天起攒下来的“巧克力蛋糕积分”全部挥霍一空。可悲的是，如果你是一个新人，和那些功成名就的员工相比，你可能更容易受到社交失误和审判眼光的影响，因为那些老员工有更多的退路。

另一方面，对于新人或者中层员工来说，任何重大社交失误都会导致长期后果，而且永远无法完全摆脱。

例如，在电影《飞进未来》中，汤姆·汉克斯扮演了一个一夜之间长大成人的十三岁孩子。参加公司派对时，他身穿一件带后襟的白色燕尾服，看上去十分滑稽，然后在自动扶梯上举行了隆重的入场仪式。当他缓缓现身的时候，所有人都扭过头来观看并忍不住哈哈大笑。他们根本没把他当回事。幸运的是，老板对他孩子气的古怪表现十分宽容。

我敢打赌，这种情况不可能在现实生活中发生。

如果你像视频上 Lady Gaga 那样在舞台上缓缓升起，或者你因为坚持拿酒瓶当麦克风，站在酒吧的隔离带上大喊“亲爱的卡洛琳娜”，然后被保安强行驱逐出去，你的老板肯定不会由衷地欣赏你。

你的眼睛要关注全场，积极接受各种事物。不要整晚都和吉姆·比姆聊天，你应该去认识其他同事。这种场合每个人都放开了戒备，抛掉了压力，都迫不及待地想和别人交往。你应该像成人一样，好好利用这个机会，不要像个十六岁的孩子在婚礼上第一次发现免费酒吧一样。

建议 3：生日派对——带点小礼物

我至今仍然记得《宋飞正传》中的一个片段：艾莉娜所在的办公室，几乎每天都有人开生日派对，或者举行退休告别会，人们隔三岔五地分吃蛋糕，这让艾莉娜几乎要发疯了。她发现自己的体重在不断增加，一提到参加职场活动，她就很害怕。最后，她被贴上一个“令人扫兴”的标签，所有人对她都不满。

同事们是你生活的重要组成部分。如果他们当中有人要庆祝任何事情，你最好放下手头上的事，积极参加欢庆活动。当然，《宋飞正传》中的情节过于戏剧化，现实情况是，如果你把所有花在同事生日派对、迎婴派对、退休告别会上的时间全加起来，你会发现，其实并没有多长时间。因此，不要成为大煞风景的人，不要在派对时间安排会议或打电话。如果人人都知道史蒂夫的生日派对将在周二上午 10 点举行，我们就没有理由不去参加。除非有紧急情况，否则就不要错过它。

如果同事在办公室举行生日派对，你不必带礼物。但如果你带了一些礼物，肯定也会赢得众人的称赞。最简单且最省钱的做法是给大家带一盒美味点心。如果你厨艺不精，或者不会挑选点心，也可以带一些饮料或者纸质餐具，例如盘子、餐巾纸等。在这种派对上，没有人期望你会带任何礼物，更不必说送来一份大礼。当然，如果能送一些小礼物，你会显得更有礼貌。你也可以和同事一起凑钱买一个价格适当的集体礼物。在我干过的各种工作中，从没有人要求我为某个人的生日派对花费超过 20 美元。参加派对时，最好能分散站开，不要围着会议桌一起唱“生日快乐”，因为桌面上没有那么多甜点供大家享用。

建议 4：职场拓展活动——多参加，多分享，不早退

我不想美化公司拓展活动——它们可能会拖很长时间。我个人至少参加过三十多次拓展活动，这些活动规模不同，形式繁多，气氛也各有千秋。借助于职场拓展活动，公司可以培训员工，同时还能促进员工之间的团结。这些活动通常会在异地召开，目的是让你抛开日常工作，更好地提升工作技能，同时增强团队的凝聚力。有些拓展活动只需要外出一天，另外一些活动的规模十分庞大，你需要参加费用不菲的类似于度蜜月的休闲旅行。然而，这并不是真正的蜜月旅行，你只不过是离开办公室休息一两天。

办公室拓展活动通常有两种类型。第一种是团队建设培训，包括各种讨论会、研讨会、讲座等，目的是提高你的交际技能或其他特定技能。这种活动通常需要事先安排，你从中可以学到自己需要的东西。你很可能会记一大堆笔记，比如最佳操作实务、如何搞好业务关系等。

如果你是一个聪明人，你会留意这些知识，并把它们记下来。将来某一天，你也许会用到拓展课上学到的这些东西——这会为你赢得老板的支持。事实上，如果遇上让人举棋不定的重要时刻，你的老板肯定会提到拓展活动中讨论过的案例。如果你找不到这些材料，你肯定会感到遗憾。

第二种拓展活动更朴实、更有趣，氛围也很坦诚，每个人都可以大声说出自己的感受。这种活动也许会让人感到窘迫，但可以使员工关系更融洽、更放松。我有一个叫乔的朋友，他是一位 Facebook 礼仪专家。他曾给我发来电邮，其中提到他参加这种拓展活动的经历。他的老板为公司制订了一次旅行计划，要求大家前往自然保护区内的一座小木屋集合，这个小木屋距离市区足足一个小时的车程。老板为公司团队请来一位集体治疗师，帮助大家讨论办公室生活中的磕磕碰碰现象，让大家吐露自己的心声。最后，治疗师提出一种改善职场功能的解决方案。这听起来非常合理，不是吗？

不，并不太合理。

治疗师显得过于友好，过于急于求成，结果把事情弄得一团糟。事实上，员工们并不愿意在一个小木屋里向同事和老板吐露自己的烦恼。

无论拓展活动因计划不周而令人失望还是令人尴尬，其目的都是激发员工的成功意识，加强员工的团队意识。因此，你必须从这一角度看待拓展活动，而且只能这样看待它。如果你不积极参与其中，不以快乐的心情投入其中，结果你只能是一无所获。最糟糕的事莫过于自己生闷气，消极应对。

在拓展活动中还有一种情况是比较糟糕的，你可能会早退。这种情况最显眼，任何一个拓展组织者都不会欣赏这种行为。

专业人士观点

布莱恩·邓肯森

斯巴达勇士赛战略规划主任兼共同创办人

最近几年，一种有趣的休闲模式受到健身爱好者的追捧。它是一种冒险竞赛，参赛者必须冒着生命危险并利用自己的四肢去克服形形色色的障碍物，例如泥塘、绳索、墙壁、沙漠……在这些冒险竞赛当中，最流行且最残酷的一种就是斯巴达勇士赛。这种比赛“旨在考验你的韧性、力量、毅力、快速决策能力以及笑对逆境的能力”。

我刚从办公室楼下的健身房回来，已累成狗！如果我去参加障碍挑战赛，当我跌入泥坑、被绳索绊倒的惨样引起同事们哄堂大笑时，也许那是我唯一“笑对逆境”的时刻。然而，正是因为斯巴达勇士赛提供的令人难以置信的意志锻炼，许多同事对这项运动趋之若鹜，从而使其变得越来越流行。在过去几个月中，我有四个朋友在公司中寻找伙伴组团参加斯巴达勇士赛，这种比赛俨然已经成为他们的办公室拓展活动！

仔细想一下，参加冒险竞赛的必备品质（团队精神、挑战自我、克服困难）对于任何行业来说，都是至关重要的。斯巴达勇士赛的战略规划主管兼共同创办人布莱恩·邓肯森说道："毫无疑问，任何类型的团体活动都会提升职场内部的人际关系。"

布莱恩制定了斯巴达人准则，这些竞赛规则是学习团队合作的基石。

- 斯巴达人必须将自己的脑力和体力用至极限。
- 斯巴达人必须控制自己的情感。
- 斯巴达人必须不断学习。
- 斯巴达人必须慷慨大方。
- 斯巴达人必须奋勇当先。
- 斯巴达人必须不惜一切代价地为自己的信仰战斗。
- 斯巴达人必须了解自己的优缺点。
- 斯巴达人必须通过行动而非语言来证明自己。
- 斯巴达人必须将每一天当作人生的最后一天。

因此，如果下次你的经理打算在某个蹩脚的会议室（或者小木屋）举行一次拓展活动,你可以建议他改成一次冒险竞赛，这种竞赛不仅惊心动魄，而且非常有益于团队建设。

建议 5：办公室体育赛——当游戏对待是最聪明的做法

“带我去看棒球赛，带我去挤人山人海，给我买些美味花生米，升不升职我不愿提，因为我已被办公室球队淘汰……”（经典英语童谣）

办公室的球队通常有两种不同类型：一种是松散的联盟，欢迎任何员工加入；另一种则把胜利看成生死攸关的大事，招募队员时比专业球队还要严格。

第一种类型的球队很容易管理。如果你想参加，随时欢迎。如果不想参加或不能参加，你也可以加入活动并支持你的同事。办公室体育联盟就像拓展活动一样，目的也是建立一种亲密的团队关系，鼓励员工在工作之外的地方加强联系。你的底线是，不必成为联盟中的一员。不过，这条底线对第二种职场球队并不适用。

我的朋友乔纳森在一家福布斯 500 强公司上班。这家公司员工超过 2500 人，同时还有一个庞大的办公室垒球联盟，共 20 支球队。每支球队都垂涎冠军奖杯，当然，其实是为了夺取吹牛的资本。每支球队的队长通常由各部门经理担任，他会把办公室里的所有人都梳理一遍，希望找到潜在的垒球队员。负责招聘的经理则更离谱，他会在面试时考察应聘者是否有运动参赛背景，尤其是在垒球或棒球方面的经历（你可能会感到疑惑，是的，这有点不正常）。每到春季，球队经理们甚至会从公司其他部门招募临时雇员代表自己的球队参赛。因此，乔纳森曾在前二十强球队打过甲级联赛的消息传出后，很快就有人找上门来，他别无选择，只能参加球队。

因为年轻又是刚上班，他一加入球队就成为一颗新星。从那以后，经理经常邀请他一起吃午餐，而且还邀请他参加各种与他毫无关系的会议。因为他击球更远，比公司里的所有人跑得快，所以他获得了各种关注，而这种关注与他的工作业绩无关。

一开始，这种感觉很棒！他对自己高人一筹的球技非常得意。然而，他的同事们对于他的这种转变并不欣赏。嫉妒和不满逐渐增多，乔纳森所在的球队和其他球队之间形成了严格的界线。不仅如此，当他三振出局之后，之前获得的所有尊重和关注全都土崩瓦解了，他一夜之间变成了无名小卒。从这个案例可以看出，这家知名公司把休闲活动置于业务进步和职业精神之上。

因此，除非你希望步乔纳森的后尘，否则千万不要让任何事情掩盖你的工作业绩。你必须弄清楚一件事：仅靠运动才能获得报酬的人只有一种，就是专业运动员！因此，除非你是巴尔的摩金莺队（美国元老棒球队之一）的一垒手，否则你就不该过于关注职场运动赛到底有多残酷。如果你在棒球中心场击败了其他同事，这的确很了不起，但真正重要的是你在工作中的表现。

当然，我并不是说你不应该参加球队——如果你有能力，你应该参加——但你不应该让那些视运动业绩高于一切的人影响你的事业目标。相信我，那个跳投杀手获得的“盛名”绝对不会比你成功获取大客户的荣誉更持久。和运动不同，职场成功并不是某一个赛季的事。如果你不将日常工作放在首位，它就不会成为你获得回报的理由。

建议 6：同事婚礼——完美表现三部曲

从事新工作就意味着认识更多人。正如我之前提到的，你和同事同属一个大家庭，就像真正的家庭一样，你们分享彼此的幸福，因此会被邀请参加各种社交活动。我至少参加过一打同事的婚礼。受邀参加同事婚礼是一种莫大的荣幸。如果有人邀请你，他不仅因为你是他的同事而尊重你，还将你看成他的朋友，希望能与你分享他人生中最重要的时刻。但并非办公室里的所有人都会受邀，所以，这个重大时刻可能会让你有些为难。

首先，如果你在大中型公司工作，你必须假定自己是受邀参加婚礼的少数人之一。因此，最好将你对婚礼的谈论限制在这个可能参加婚礼的人构成的小圈子内，这样你就不会让那些未受邀者感到嫉妒或沮丧。

其次，去参加同事婚礼时，如果不是参加婚礼派对，你不该带同伴。关于带同伴参加婚礼，我的准则是，除非你们已经同居、订婚或结婚，否则你的同事不会给你的特别爱人留座位。如果你的“另一半”不在上述范围内，你的同事可能不会在请柬上添加“及爱人”的字眼，那么你在婚礼当天就必须独自度过四个小时。举行婚礼必然花费不菲，如果不是真正的另一半，你就不该要求发请柬者邀请你的他。

另外，如果你对同事的婚礼争论不休，你们不可避免地会在工作上发生冲突，这对你们双方都是有害无益的。如果不争论新娘和新郎会邀请哪些宾朋，他们一定非常高兴。你唯一能提的请求是餐饮限制，例如你是一位素食主义者或犹太洁食者。除此之外，只需带上一份礼物和微笑，然后以善意的语言祝愿这对新人吧。与之相反的是，如果你对自己没带同伴而耿耿于怀，不知如何在婚礼上独自度过四五个小时，你可以找个借口拒绝这次邀请。

建议 7：告别单身派对——别当扫兴鬼

大喜的日子即将来临，所有人都会格外关注即将迈入婚姻殿堂的同事。通常情况下，为了举行告别单身惊喜派对，大家会用各种装饰品装饰办公室或工位，每个人都会带来一两样点心和礼物。这是相当标准的做法，适合所有情况。我要说的是，虽然你不是非得这样做，但你至少应该做点什么。要知道，这是一个大喜的日子！这是人生中最美妙的时刻！你可以抽出一顿午饭的工夫或者趁休息时为这对新人道贺。

如果组织者打算将派对办成一次充满意外惊喜的欢送会，你千万不要充当破坏气氛的老古董。如果你不负责制造惊喜，就不要主动去吸引新郎或新娘对派对的注意，因为很多细节会让计划败露。如果这一天是举行惊喜派对的日子，你不必在日历上注明“克里斯蒂娜的告别单身惊喜派对！”

就赠送礼物来说，现在并不是你“大出血”的时候，尤其是如果你被邀请参加婚礼，你在婚礼当天可能会送上大礼，此时就不必太过破费。在办公室告别单身派对上，我建议你和大家凑钱给新人送一份集体礼物，这样的话，新郎或新娘就会收到一件个人无法单独购买的昂贵礼物，因为每人凑一份钱，这种礼物就买得起了。现在，礼品心愿单就可以派上用场了，大家一起为这个美丽的任务出一份力吧。

最后提醒一点，如果你和这位新人不是朋友，或者不愿接受参加婚礼的邀请，你仍然应该参加这次派对，因为这是为了在这样一个欢乐场合对同事表示尊重。假设这样一种情景：大部分同事都会参加这个派对，如果一个办公室有二十五个员工，结果只有二十四个人出席，你就成了那个自我膨胀的扫兴鬼。老板很可能也会来，如果你缺席，他可能会注意到。如果你真的无法忍受这个人，买集体礼物时，你不要出钱好了。你瞧，面对这个讨厌鬼，你取得了一次小小的胜利！

建议 8：孕妈妈放松派对——切勿评头论足

与告别单身派对类似的是孕妈妈放松派对——迎婴派对。在规则上它和告别单身派对类似：通常也是一次惊喜派对（我总是感觉有些奇怪，孕妇本来就容易激动，非常脆弱，为什么要让她受惊吓呢？），你应该关注这个派对，同时还要送礼物。

顺便说一句，现在已经是 21 世纪，迎婴派对不再是女性所独享的派对。我的妻子怀孕后,同事们曾在办公室给我制造了一次惊喜。然而，多数情况下，迎婴派对只适用于女性。不过，这种派对也有可能给人带来潜在危险。

如果你已为人父或人母，你就会加入一个父母俱乐部，这里的人们谈论身体部位和机能就像谈论天气一样随意。“噢，前几天我成了靶子，诺亚拉了我一手。当时不知道该怎么办了。”如果在大学时代，你把这种情况告诉你的同学，你很快就会成为舆论的焦点。但是，对于父母来说，这是育儿游戏中的一部分。因此，大家对于分享身体和育儿故事持开放态度，希望你不必介意。不过，这种分享限于朋友之间，不包括同事。当然，即使你很友好，但如果你问一位怀孕的女同事她的胸部是否疼痛，我想，她也许会扇你一巴掌。虽然我不提倡暴力，但除非你是医生，否则这种问题超出了界限。我曾见过一个五十多岁的老男人问过这种问题，那个可怜的准妈妈一脸尴尬，几乎要跌倒在地上。

我的朋友宝芬妮也曾经历过类似的羞辱。她在曼哈顿一家十分受欢迎的高端杂志社工作。在她迎婴派对那天，七十五岁的男老板从座

“什么？没错，我们都猜对了！”

位上站起来，对办公室所有人说："为宝芬妮干杯。"面对全体四十多位员工，这个老头一再说道："宝芬妮怀孕之前身材曼妙多姿，看见她一天天肚子大起来，最后变成身怀六甲的孕妇，这种体验太神奇了。"

无论多少人紧张得咳嗽或清嗓子，或者无论宝芬妮的脸涨得多么红，都无法阻止这老头津津有味地点评她身材的变化。除了这个愚蠢的祝酒老头，所有人都如坐针毡，尴尬不已。猜猜看，接下来会发生什么？宝芬妮直接向人事部提出投诉。如果不是因为她的孩子在接下来一周提前降生，这很可能会引发一场诉讼。

我不想过多评论，但在大庭广众之下谈论某个人的身体是非常非常失礼的，尤其是当着其他同事的面，更过分的是，谈论的对象是一位孕妇。宝芬妮十分清楚自己身体的变化，我相信她知道每个人都注意到了自己的变化，但正如任何女人都会反对一样，她们不希望有人指出来，更不用说是老板在工作场所，在每个同事面前亲口说出来！天知道他是怎么想的！

建议 9：研讨会——多交朋友，多记笔记

有这样一个事实：在你的职业生涯中，你可能会参加无数次研讨会，它们加起来就像费西合唱团表演的永无休止的吉他独奏。但研讨

会是你学习新技能、与自己工作领域内其他人交往的绝佳机会。即使某次研讨会让人恹恹欲睡，它仍然有许多值得你关注的亮点。

应对会议的最好方法是选择自己感兴趣的会议。如果老板委派你参会，你应该积极配合。积极性会影响你对会议的选择。如果老板派你参加一次无聊透顶的会议，但你发现自己非常渴望参加另一场会议，你可以大声说出自己的想法，同时暗示老板，你可以代他参加另外一场乏味的会议。但你必须说明为什么要去参加这场会议，并且给出充分的理由。如果会议完全和你的工作无关，你的老板肯定很难接受。如果你有创新精神，而且能找到公司可以负担得起并且有益于你所在领域的研讨会，你将有机会认识一些行业大咖，并加入他们的圈子。

研讨会必须遵守一些准则。不要将研讨会看成免费喝茶、吃点心的机会。参加研讨会时，你的老板为你付费，确保你在会议上有座位，同时期待你不仅能带回来一袋免费礼品，还能带回来更多有益的东西。回到公司后，你将面对各种提问，如“会开得如何？学到些什么？你和谁交流过？”等，你必须给予明智的回答。面对提问，如果你说自己没有学到任何有价值的东西，也没有和任何重要人物交流，你的老板不仅会认为你傲慢无礼，还会认为你纯粹在浪费他的钱。无论研讨会多么乏味，多么无聊，你都可以而且应该从中学到东西，并将其应用到你的工作中。

参加研讨会的底线：多结识朋友，多记笔记。不要像高中舞会上的新生一样躲在角落里。

另外，你当然要愉快地接受各种赠品！

> 你要结识来自公司内外的各种人士，这是在企业界获取成功的最佳途径。想找一份新的工作？希望加入某个行业？那为一些机构多做一些志愿活动吧！
>
> ——蒂姆·麦克唐纳，《赫芬顿邮报》生活频道社群经理

建议10：取消约会——别忘了通知对方并道歉

在你的职业生涯当中，有时不得不取消日程表上的某次约会。无论是突发状况导致你无法赴约，还是为了更好的安排而主动放弃赴约，你都有责任告知对方你失约的原因。

我们是人而不是神，意外情况不是我们所能掌控的，因此取消约会在生活中很常见。只要你不是一个惯犯，人们一般不会太责怪你，但这并不意味着你可以轻易脱身。如果你确定取消约会，你必须确保对方知道事情的原委，同时你还有义务向对方道歉，因为你浪费了他的时间。

我们来看两个场景：

场景 1：控制之外的因素。交通堵塞、公共交通瘫痪、保姆失踪等任何其他你无法控制的事件都属于这一类。这种场景是最令人恼火的，因为你的迟到是意外因素导致的，你对此感到非常无助。当你焦急地盯着腕表，看见时间不断流逝，你就能体会到，帕丽斯·惠特妮·希尔顿错失“美国名人智力竞答搞笑赛”冠军时的痛苦根本不能和你无法按时参会的痛苦相提并论。

解决方案：如果出现这种意外，你有三步棋可走。首先，最重要的是真诚地道歉。其次，立即重新安排你的日程表，一定要让对方知道你的安排在尽量照顾他的日程安排，因为取消会议的过失在于你自己。现在不是开玩笑的时候，你必须控制自己的自尊心，接受你为别人造成不便的事实，然后设法改正它。最后，如果你取消了约会，再次约会时，你应该尽可能地取悦对方。如果你约对方去喝咖啡，或是吃午饭，你可以为对方埋单。如果你约对方在办公室会面，你可以提前准备新鲜的瓶装水、咖啡或点心。这些小事有助于补救你之前的失约之错。

场景 2：你主动放弃赴约。我要勇敢地站起来承认这种行为——我曾经主动取消和某个人的约会，因为我只是不想去了。取消约会不是你的一种习惯，只是因为你在那一刻不愿聊天，不愿露面，或者不愿听对方唠叨如何将录像重新打造成流行“新宠”的古怪想法。无论何种原因，如果你打算撒谎，你就必须要藏好自己的尾巴。什么意思？还是以我朋友戴维的经历来说明这一点。

戴维是圣地亚哥的一名律师，经常为新的项目合同问题提供启动咨询。有一次，他告诉他的表弟，自己可以为他想一个新主意，然而他却不停地推迟和表弟的约会，因为他觉得自己的想法有点愚蠢。他以为这样表弟可能会明白他的暗示，也许会换一位律师，但他表弟仍然坚持邀请戴维做自己的律师。

有一天，他们计划再次碰面，但戴维又在最后一刻失约了。他告诉表弟，自己实在太忙，必须参加一个紧急客户会议。实际上，他前往纳帕谷度周末去了。那里没有紧急客户，只有 1995 年产的葡萄酒以及他新交的女友。

晚饭时，他的女友拍了一些照片，上传到自己的 Facebook 上。正如人们在社交媒体上通常做的那样，戴维转发了这些照片，随后那些照片就出现在他的内容更新上（参考第五章）。猜猜看，戴维的 1200 个朋友中谁看见他的照片了？没错，他的表弟。他的表弟评论说：“这场会议真他妈的紧急……”露馅了！我无法用语言描述戴维表弟一家对戴维的愤怒之情。

解决方案：如果你不守诺言并被人揭穿，你也许是有意无意地在证明自己完全是一个混蛋。唯一的补救办法是道歉，真诚地道歉。之后，你必须再找机会见见对方。你的立场已经完全转变了，你现在是请求对方赴约的一方。

无论对方是你的表弟，还是你的同事，你都应当记住，你的声誉是第一位的。道歉之后，再送一份礼物修补关系，并请求对方和你重归于好。什么样的礼物合适？这取决于个人、当时的情况、你给对方造成不便的严重程度。例如，戴维告诉我他的失约情况后，我建议他买一瓶高档葡萄酒送给表弟。于是他买了一瓶陈年好酒，并且亲手写了一封道歉信（注意，手写信件比起打印信件更能显示你的诚意）。信上写道："对不起，请原谅我的无礼，希望不要再怨恨我。我为你捎去一瓶葡萄酒，借以表示我最诚挚的歉意，希望你能收下，希望给我一个改错的机会。拜托。"第二天，他把信寄了出去，顺带捎去一瓶酒，希望这两招能够奏效，从而得到对方的谅解！

现代礼仪专家小测验

现在是办公室欢乐之夜，每个人都脱下伪装，尽情放松。通常你不怎么喝酒，但老板不停地怂恿你喝一杯，让你加入欢乐大派对。你该怎么办？

A

坦率地告诉老板和同事自救不善饮酒，你宁愿喝一点苏打水。

B

入乡随俗，尽管你的酒量不大，可还是和你的同事拼酒，心里却在悄悄嘀咕：我一会儿怎么回去？也许我再过一会儿就回不去了。

C

撒谎。告诉他们自己正在吃药，因为你的背疼、胳膊扭伤了，或者文了眉，等等。只要能让你不沾酒，撒什么谎都可以。

D

愤而离席。因为你不想和一群强迫你喝酒的恶霸一起工作。

答案：A或C

这是一个有陷阱的问题，取决于当时的具体情况。首先我要说的是，我赞同做人要诚实，但有时撒谎是一剂良药。如果有人知道了真相，你可能会被他们嘲笑，或者被当成一个老古板，但是，不会伤害任何人的善意谎言也是一种解决问题的办法。

可是，正如我之前所说，诚实通常是最佳方法。你可能会让人觉得古怪或者不知趣,但这不是在上高中。如果你不饮酒，你一定要拒绝别人的劝酒。如果你不喜欢抽烟，为什么要抽呢？你只需要拒绝一次就可以了，如果你的表达足够清晰、简洁，并且不给人留下任何疑问，这将是你最后一次面对别人的劝酒。

女性小贴士：参加办公室酒会活动时，如果你坚决不喝酒，人们可能会认为你怀孕了。如果你真的怀孕了，但不愿把这个消息告诉别人，或者如果你只是不想喝酒，选项C是你的最佳答案。“我腰椎疼痛，正在喝药治疗，所以不能沾酒。”这种回答足以阻挡别人的劝酒。

现代礼仪专家的职场活动工具箱

制作贺卡。在办公桌上准备一叠通用的祝贺卡，如果有同事过生日、退休、结婚或者举行迎婴派对，你可以迅速填好一张贺卡送给对方，用于表达你对他们人生中重要时刻的祝福。

坚持填礼品心愿单。人们对婚礼和惊喜派对礼品愿望单的看法是对立的。有人认为填礼品心愿单非常有用，有人认为它会让礼物失去创意，缺乏新鲜感，因为它会消解收到礼物时的惊喜感。我的看法是什么？我的看法是，自免费酒吧出现以来，礼品心愿单是最棒的创意。人们告诉你自己希望得到的东西，你可以满足他们的愿望。这太爽了！购买礼物时，你不会再感到有压力。因此，如果你去参加婚礼或惊喜派对，一定要填礼品心愿单。想想看，如果有人希望你送什么礼物，你就没有必要担心购买什么礼物合适，因为他们已经为自己挑选了最完美的礼物。

你没必要成为一个得高分的全能明星。在办公室运动会期间，如果你一心想赢得大奖，也许会让自己失控。不是每个人都擅长运动，或者永远像年轻时那样身手矫健。当然，这并不妨碍你加入公司运动联盟。如果你不是灌篮高手或全垒打高手，你该做些什么呢？你仍然可以帮助大家完成比赛统计、管理参赛队员、组织赛后狂欢，或者帮助采购比赛用饮料和装备。公司运动会的目的是团结同事，所以你没有理由不去积极参与。

牢记：出差是工作的一部分，用敬业的心做专业的事，你的一万小时才不会因此大打折扣……

7

出差也要“随机制胜”

乘坐飞机、火车及汽车时，你最容易丢掉工作。

出行是检验个人品质的“绝佳”时机

如果你在旅行时属于那种“自私自利”的人，我就会看清你的为人。你没有团队精神，不会为公司的大局着想。

——肯恩·奥斯汀，马奎斯航空公司共同创办人、龙舌兰阿维翁酒业公司创始人兼主席

几十年前，旅行被认为是一种奢侈享受。今天，旅行已经非常普及了，但旅行时的体验就像去一趟人满为患的车管所，或者就像你拔牙时没有打麻药，或者像甜心波波登上芭芭拉·沃尔特拍摄的“2012 年最

具魅力人物排行榜”，让你一点也开心不起来。我可不是在开玩笑！

时至今日，旅行时遇到的各种困难和挫折甚至可以考验特蕾莎修女的耐心。然而，如果你多一点理解，多几分宽容，面对旅途中的各种不快，你都一笑而过，那么，旅行就再容易不过了。你必须坦然接受事实，除非你拥有自己的航空公司、公交车队或者私人铁路公司，否则你必须像其他旅客一样，忍受旅途中出现的各种不快。

在经典电影《飞机、火车和汽车》中，约翰·坎蒂和史蒂夫·马丁前去参加感恩节宴会，一路上乘坐了各种交通工具，两个人被迫忍受彼此间的差异。最后他们几乎都想杀了对方，因为约翰·坎蒂的举止不合礼仪，让人感到十分讨厌。我每次旅行时都会想起这部电影。从旁若无人的大声喧哗，到奇怪的饮食习惯、醉酒后的恶作剧，再到令人恶心的卫生条件，旅途经历会把人性中的黑暗面暴露无遗。

不管你在哪里上班，不管你从事什么职业，你都可能会因为工作而出差。无论是一段十分钟的地铁旅行，还是驾车二十公里去邻近城市办事，甚至纵穿全国或飞往国外，旅行都可能成为一次个人礼仪的奥林匹克竞赛。就像奥林匹克运动员一样，你绝不能让困难阻挡自己夺取金牌的道路。有了这种精神，让我们开始一次狂野的旅行礼仪竞赛吧！

“哎呀，真该死。我把手机落在袋子里了。”

专业人士观点

肯恩·奥斯汀

马奎斯航空公司共同创办人及龙舌兰阿维翁酒业公司创始人兼主席

• • •

说到商务旅行礼仪，我决定去拜访旅行业的革新者——肯恩·奥斯汀。他是私人航空公司马奎斯航空公司的共同创办人，同时还是龙舌兰阿维翁酒业公司的创始人兼主席。如果你看过电视剧《明星伙伴》，你肯定记得这家公司。

肯恩是那种喜欢突发奇想的人，有时会从纽约飞往伦敦参加一次午餐会，接着又在当天返回纽约。当然，他一直有自己的梦想，希望创立一家顶级龙舌兰酒公司。“实际上，听说墨西哥的哈利斯科市可以找到一座酿酒厂，我就不假思索地登机飞往墨西哥。我希望自己的梦想能在那里实现。我要采用最好的原料打造世界上最伟大的龙舌兰酒厂。”所以，肯恩对商务旅行有自己独到的见解。

进入机场后，你会看到令人震惊的人性变化。
机场内所有人都处于慌乱中，很容易让我想起飓风

“桑迪”袭击纽约后的情形：当时采取汽油配给制，为了把油箱加满，人们纷纷开始囤积汽油，于是汽油开始短缺，进而加剧了恐慌。机场内的场景与此类似。人们一旦开始恐慌，行动就会失去理性。“糟了，我要错过这趟航班了！”“哎呀，我得登机了！”……其实离登机时间还早着呢。

我知道你可能会这样想：“别瞎扯了，他完全可以坐自己的私人飞机绕地球飞行！他怎么可能真正知道其他人旅行时的难处。”你说得既对又不对。肯恩几乎开创了豪华旅行业，正如他在上文提到的，标准飞行模式太混乱了，所以他十分讨厌常规航班旅行，但他也许是有史以来最实际的航空领袖。事实上，他曾是“空中飞行之王”的教练。

虽然我并非完人，但我从小受到的教育是尊重身边所有人，不管他们是谁。当你与某些人一起旅行时，他们会像赛场上的老鼠一样争先恐后——考验你的耐心。正是商务旅行的这种压力让马奎斯私人航空公司取得了巨大成功。当你旅行时，你会看清一个人的真正人品，你可以判断他到底是不是自己愿意共事的人。如果他对飞机乘务员、行李搬运工以及其他乘客不友好，你就可以看出他的真实人品。

肯恩说得没错。如果你坐过飞机，就会看见有人全然忘记周围的人，只关注自己要做什么，要去哪儿。有谁没在机场上被一个疯狂的旅行者撞个趔趄？因为他睡过了头，进门时迟到了，所以就要像被怪兽哥拉斯追赶一样狂奔。如果你让所有人按照你的意愿行事，说明你极度缺乏职业素养，而且极不成熟。对于商务旅行来说，这一点尤为真实，因为你不可避免地会和同事或老板一起旅行，如果他们了解到你的本来面目，很可能会由此推及对你整个人的看法。

商务出行的九大建议

建议 1：行李箱挑选标准——职业、轻便、耐用

2009 年，乔治·克鲁尼在电影《在云端》中饰演了一位企业资深裁员专家，大部分时间都在空中飞来飞去。一位年轻的同事（安娜·肯德里克饰）和他一起旅行时，在专业行李打包方面得到一次深刻教训。安娜饰演的年轻同事到达机场时，手中提了一只 20 世纪 70 年代的行李箱，大到足以装下一个十二口之家的全部衣服。克鲁尼饰演的角色看见那只箱子后，立即厌恶地摇了摇头，然后给她买了一只大小合适的新行李箱，于是她只好在机场把自己的行李重新装入新箱子。安娜的角色演示了新人们常犯的一个错误。

如果你得到一份经常需要旅行的工作，我要提醒你的第一件事是，买一只大小适当的行李箱。你在大学时用过的那种双肩包不合适，它不会大声宣告："我是一位职业人士。"相反，它会告诉人们："我仍然在上大学，我妈妈给我买了这只包。"你的行李数量一定要适当，就像你去参加面试时带的行李一样多（参考第一章）。你需要从头到脚打扮一遍，包括佩戴一些饰品。实际上，这也花不了几个钱。你并不需要买路易·威登那样的名牌行李箱，移动灵活、轻便顺手的行李箱就足

以胜任，但也要经久耐用。相信我，你一定会反复提它、拉它，因此它必须结实。如果你不知道买哪种合适，问问经常旅行的同事。他们会给你提供各种建议。

现在，你有了合适的行李箱，应该把哪些东西放进去？商务旅行打包意味着轻装出行，应该带上小巧、高效的物品，不要把所有场合可能用到的东西全塞进去。如果你六月份去菲尼克斯，晚上你肯定会觉得凉，因为当地气温低于二十六度，但你因此就带上一件笨重的夹克显然会浪费箱子内的宝贵空间。即使你为各种可能情况（如网络、饮料、和同事或客户就餐等）都做了充分准备，你也必须秉承实用原则,只带必需的换洗衣物。周末真的需要换七套衣服吗？真的吗？最后，一定要带上一些适合任何场合的混搭衣物。例如,带上西服和几件衬衣，你就可以搭配成不同的穿着风格，从商务休闲风格到正式风格，这些衣服均能帮你实现。

建议 2：选择便于安检的服装

正如我在第一章提到过的，如果穿上与你工作身份相符的服装，其他人一眼就能识别你的工作身份。同样的道理也适用于旅行穿着，但我并不是要求你把自己打扮成一位旅游储蓄代理人——那样你永远别想受到欢迎。我想说的是，你应该穿上一套特别适合你当天旅行的衣服。如果你的穿着便于通过安检，特别是穿上方便脱掉的外衣，你就会更顺利地通过安检。

通常情况下，为了工作而旅行时，你一抵达目的地就会立即参加会议。因此，商务旅行时，你的穿着通常要和即将举行的会议相般配。如果和家人一起去度假，你的衣着通常应该适合落地后入住的酒店。如果是一次浪漫之旅，你的衣着也应该适合度过一个开心之夜。无论哪种情况，我建议你在选择穿着时，首先考虑是否便于通过安检，其次是落地之后应该穿什么。没错，你可以佩戴各种饰品，穿上饰有金属流苏的高跟鞋，再把各种需要的东西装进口袋。可是，当你抵达安检点时，这些东西不会为你带来任何好处，你可能要花二十分钟才能把这些乱七八糟的东西取下来，然后接受一次全身检查，因为衣服上的金属物件会让机器出现误报警。毫无疑问，这种慢腾腾的检查会让你身后的每个人感到愤怒，他们甚至会因为失去耐心而大声抱怨。因此，穿一些利于安检的简单服饰，并且把你需要的东西全部装进你的随身行李箱，一旦通过安检，你就可以迅速穿好外衣。

如果去出差，必须记住的是，你仍然代表公司。如果你穿上那件你最喜欢的印有“谁在放屁？”四个字的衬衣，也许有人会认为你是一个疯子，所以在飞机上穿这种衣服并不明智。

建议 3：公路出行，三项安排提前准备

在我干第一份工作期间，曾和另外两个同事从华盛顿驾车前往宾夕法尼亚州。如果不堵车，这段旅程只需要三个小时（不幸的是，我们遇上了堵车）。在这次旅行中，让我感觉最棒的是，我的同事乐于助人，让人非常开心。可最糟糕的是，公路旅行途中，计划总赶不上变化，因为变数太多，尤其是交通状况，你几乎无法预料。然而，即便是遇到下雨、下冰雹、道路封闭、车技不过关等麻烦，你也有办法和同事们一起完成一次尚能忍受的公路旅行，甚至还能从中找到一些乐趣！

首先，提前确定驾驶员。如果你们轮流驾驶，应该确定谁在什么时候驾驶，这样一路上才不会出现分歧。此外，还要确定一个固定的出发时间和地点，并严格遵守。不管怎样，你们应该对这趟旅行有所了解，以便每个人都有时间调整自己的日程安排。到了该出发的时候，你不能因为临时有其他事情而迟到一小时，也不能等同事到你家门口，你才开始打包行李。守时并体谅别人是最基本的职业素养，比其他任何事情都重要。

除了分配驾驶任务外，你们还需要分摊汽油费。现在的汽油价格简直高出天际，因此，如果有人主动提出开车，请尊重他并为他分摊汽油钱。没有理由让别人不仅开车，还要为汽油埋单。即使他来接你

时油箱是满的，我也坚决建议你出10美元或20美元的汽油钱。如果对方不接受，就悄悄把钱放进他的茶杯托。当然，如果你老板为油费埋单，那就需要重新考虑了。

如果你和某个人一起拼车，你必须当一个好乘客。什么样的乘客是好乘客？其实很简单，不要强迫所有人听你喜欢的音乐，也不要吃那些超级难闻的三明治，否则你会让所有人反胃，你应该记住驾驶员不是你的私人司机。在我当摔跤选手时，我的团队成员遵守的规则之一是，去参加比赛的路上，乘客不能全都呼呼大睡，而留下司机一个人独自开车。大部分摔跤手都会遵守这条规则，如果不遵守，那你在接下来的比赛中肯定会受影响。我曾亲眼看见一位摔跤老手给一位新手送上一记最强烈的攻击波，因为乘车时，后者的屁股刚一挨上座位，就立刻开始打盹，而且在整个四小时的车程中没有换过班。后来他再也没有那样做了！

我的理解是，如果长时间坐车，你可能会非常渴望睡一觉，但你不能因此就对司机置之不理。你应该帮助他辨别方向、查看他的盲区，最重要的是，在他驾驶时陪伴他。如果你在办公室内外都是一个团队好帮手，同事们就会记住你，而这也是你给人留下好印象的最简单的方法。因此，做一个机警、专注的乘客有很多好处，不仅有助于你了解自己的同事，还可以了解更多公司的动态。

建议 4：提前 2 小时到机场

我要公开承认，我写这本书的最初目的是想告诉人们我非常讨厌机场安检。然而，我需要保持更加中立的立场，并且承认事情总有其两面性。我想说的是，也许我误认为安检可以完成得更快；也许我们的确应该接受全身搜查，就像我们走私了某种不合法的物品；也许那对年迈的夫妇会对同行乘客构成威胁。可他们几乎无法行走，更不必说攻击别人了。但谁知道呢？幸运的是，在机场安检礼仪方面，我们可以提供部分解决方案。

除非你喜欢像被外星人绑架那样被探测，否则你必须了解如何接受机场安检，并将安检对你侵犯的程度降到最低。最简单的方法是提前去机场。提前到达机场可以确保你在合理时间内通过安检，从而顺利赶上你的航班。航班绝不会等候任何人。无论你是只迟到了一分钟，还是一个小时，他们都不会关心。飞机必须按时起飞，我尊重这一点。没有任何人应该成为飞机延误的理由——否则会引发梦魇般的多米诺骨牌后果——因此，早点去机场是确保每个人顺利通过安检的最佳方法。

最关键的是，你应该在飞机起飞前两小时内到达机场。要去这么早？有人可能会这样问。但我要说的是，究竟是早点到达机场好，还是等你到了后，看见安检处已被围得水泄不通好呢？我曾在圣诞节期间去旅行，当时的遭遇就像在排队等候领取免费 iPad 或别的什么。如果我们早点去，安检的过程就会更高效，因为他们会为迟到的人做出调整。总会有人把自己当成特殊人物，然后插在所有人前面接受安检，因为机场安检人员不希望他们耽搁飞机起飞时间。每次看到这种情况，我就忍不住想爆粗。

坐飞机旅行并非总能吸引人，因为你会遭遇各种烦恼，而安检带来的烦恼最为典型。通常情况下，人们都会变得不那么友好——无论是同行的乘客，还是那些检查你身份证的机场工作人员。他们一个个面无表情，仿佛你是头号通缉犯。有时候，我想，如果在安检前设一个酒吧，可能会大幅减少人们的怨气，整个安检过程也许会更容易让人忍受。

坦率地说，那些安检人员不是你的朋友，他们不会在乎你是否能够享受一次愉快的旅行，他们的职责是保证安全。因此，如果你期待得到舒适、特别的照顾，那纯属浪费时间。在排队安检时，你不妨采用“参禅”的方式耐心等候，要知道，耐心是一种美德……

建议 5：搭乘飞机，切勿抱怨

航空公司娇惯顾客的日子早就一去不复返了。我爸爸曾告诉我，过去（也就是 20 世纪 70 年代）坐飞机时，你就像一个名人，一群人毕恭毕敬地站在那儿等你登机。现在，他们甚至会把真正的名人赶下飞机！因此，除非你是维珍总裁理查德·布兰森爵士，或者是说唱歌手 Jay-Z，否则你在旅途中很可能会遭遇最无礼的对待、最难闻的气味以及最难以下咽的食物。这是一场梦魇。飞机上座位过小、空气十分污浊、婴儿不停哭闹，每个人都难以忍受，希望尽快下机。接受现实是完成飞行的最简单的方法。

这种经历就像一次令人尴尬的相亲，你会希望它从未发生过。唯一结束它的方式是放松心情、安心旅行，同时尽量充分利用这种环境。有人说，希望越大，失望越大，而空中飞行就是这一说法的最佳例证。不要期望在飞机上有人会给你提供美食——你的食物是含 100 卡路里热量的一包薯片，一纸杯掺水的苏打水，还有（如果幸运的话）一张名片大小的餐巾纸。不要期望坐在你旁边的人身上会散发出玫瑰一样的香味，或者他会注意自己的举止——相反，他可能浑身是呛人的烟草味，而且会不停地进出厕所，因为他在机场躺椅上喝了太多的饮料。

最后，也是最重要的，不要期待别人对你彬彬有礼。如果你身旁有人嘴巴说个不停，身体不断向后压，让你几乎忍无可忍时，请戴上耳机，想象一下飞机缓缓降落后的场景。

还有另外一种情况，买完飞机票后，人们对接下来的事情缺乏了解。我来给你介绍一下：票价中包含的唯一一样东西就是一个臭烘烘的座位。如果你足够幸运，也许你可以选择过道或窗户旁的座位，但它们也好不到哪儿去。

如果你想了解我是如何乘坐飞机的，可以问我的妻子。她首先会告诉你，我通常会在飞机上睡觉，甚至在飞机起飞前就已经睡着了。她还会告诉你，我可能会打呼噜。然而，无论你会打呼噜、抽搐，还是会在梦中唱流行歌曲，有一点你必须记住：你的座位不是一张床铺，你旁边那个座位当然也不是。

我并不是说你不能在飞机上睡觉，如果你想打个盹儿，正确的方法应该是在你的座位范围内小眯一会儿。不要懒洋洋地支撑在任何人身上，也不要像一只橄榄球似的拱在扶手上，更不要把头靠在陌生人的肩膀上。如果你知道自己肯定会在飞机上提前入睡，最好买一个靠窗的座位。这样一来，你就有东西可以依靠了，而且它绝不会有任何怨言。如果你不幸成为某个人的新枕头，正确的应对方法是叫醒他，告诉他你的空间被侵犯了。这样做没有错，也不是无礼的表现。不过，不要大声咆哮、摇晃或者粗暴地推对方——只需轻轻地拍拍他，请他保持在自己的座位范围内即可。

专业人士观点

林登·科马克及杰米·科马克

加拿大赫谢尔日用品有限公司创始人

• • •

无论你去哪里旅行，无论你如何去旅行，你都必须带一个合适的包，以便装上你的生活必需品。2009年，林登·科马克和杰米·科马克兄弟创立了赫谢尔日用品有限公司，该公司致力于为旅行增添更多的时尚元素。为了打理公司生意，科马克兄弟经常在公司员工陪同下前往全球各地旅行。我希望了解他们如何处理旅行过程中老板和员工之间的模糊界限。于是我问他们：你们和员工一起旅行时是否仍像“上班”一样？或者你一旦登上飞机、火车或汽车就会立即放松下来？林登是这样回答的：

这取决于你与同事或老板之间的关系。每次情况都有不同，没有适合所有情况的统一答案。例如，在赫谢尔公司，我们时刻把工作放在第一位，但这并不意味着我们一天二十四小时都要工作。让我引以为傲的是，我们会让员工尽情放松，并在一定程度上不用加班。在某些情况下，“上班”意味着你要把心思从派对上收回来，或者不能随意聊天。最重要的是，准确判断预期结果。如果你感觉有哪些做法可能不合适，你就将其留到和真正的朋友在一起时再做。

因为赫谢尔日用品公司在世界上广受欢迎，科马克兄弟俩经常飞往世界各地。在这些旅行中，他们会接触各种新的文化和信仰。在这个不断缩小的世界，从事商务活动时，你不可避免地会遇上一些和你不一样的人，或者和你信仰不同的人，因此，当你进入一个新的环境，一定要秉持开放的心态：

你可以做一些研究和阅读，弄清自己的期待是什么。

现在有很多资源可以帮你应对各种国际邂逅。当然，最好的方法是在做生意前访问这些国家，但那样做不是一种必要的投资。提前做一点准备，你就可以顺利应对各种文化冲突。

为了开创我的事业，我曾经前往亚美尼亚一位著名电影制片人。到达当地的第一天晚上，同事们邀请我一起参加宴会，宴会提供了香气四溢的家酿无花果伏特加酒。我自然而然地，一边喝酒一边吃饭。事实上，这是一种极不尊重人的行为！正确的做法是，所有人一起祝酒时才能喝酒。幸运的是，他们原谅了我的冒犯，并且告诉了我一些在亚美尼亚饮酒的正确礼仪。

——乔纳森·莫纳甘，艺术家兼动画设计师

建议 6：乘火车出行的 3W 法则

几天前，我的好兄弟杰森给我发来短信说：“我现在在火车上，你一定要给我介绍一下乘坐火车的礼仪——我这儿正在上演一场怪物秀！”这是他的第一条短信。过了五分钟，他又发来几条短信，这些短信不仅让我觉得很好笑，而且也说明火车旅行可以非常有趣。

不知道为什么，火车上总有人旁若无人地打电话讨论私人问题。我想说的是，如果有人在超市或零售商店里手持电话大声尖叫，你可以绕道而行，或者干脆走到店外去，逃离噪音骚扰。但在火车上，你无处可逃，因为打电话的人就在你附近。如果平时遇到这种粗蛮的行为，我一般建议你站起身来，有礼貌地劝阻对方……但在火车上这个办法似乎行不通。

如果有人不顾别人的感受，不考虑自己身在何处（Where），在干什么（What），谁在看着他、谁在听他说话（Who），你就不可能让他保持自我克制。如果有人在电话中大吼大叫，说明他可能心情很差，如果你不希望和他发生冲突，最好的办法是换一个座位，或者当你无法换座位时，尽量把注意力集中在自己的书本上或手机上，就像在探索生命的奥秘。最不希望的结果是，你礼貌地走到这个人面前，劝他说话小声一点，但他对你大发雷霆，最后造成令人遗憾的冲突。

另外，乘火车时你身旁坐的那个人还会带来另外一种遗憾。就拿我从巴尔的摩到纽约之间的日常旅程来说，这段旅程不算太远，但会停留十个站点，这就意味着会有十批新的乘客登上火车。然而，一些乘客见到需要座位的人只会无动于衷，从不让座，这是我曾见过的最无礼的行为之一。我记不清有多少次曾在火车上看见挺着大肚子的孕妇或者耄耋老人上车后站在车厢内，其他人却只是看着他们，没有人给他们让座。真不知道这个世界到底怎么了！更糟糕的是，还有一些四肢健全的人偏偏喜欢坐在爱心专座上，即使有人需要座位，他们也不肯站起来。

如果遇到这些恶劣的行径，你只需要说：“对不起，你坐的是爱心专座，它应该留给更需要座位的人。”这样一来，他很可能会接受你的提示，然后从座位上挪开自己懒惰的屁股。

建议 7：用公司信用卡，千万别搭“顺风车”

我永远不会忘记我父母给我第一张信用卡时的情景。我当时仍在上大学，我的信用卡竟然有 2000 美元的额度，那种感觉就像中了大奖。想吃午饭？刷卡吧。想买新衬衫？刷卡吧。邀请那些粘在我和朋友身边不用埋单的女孩儿喝酒？只管去吧，服务生，记我账上。

我父母的损失都被 VISA 信用卡公司赚去了。我从不用还信用卡，我母亲也从不知道我买过什么东西。这是最糟糕的事！你如何解释你一周之内竟然在塔可钟餐馆花了 135 美元？我没办法解释。不用说，信用卡在大学第一年给我上了一堂最有趣的个人财务课。因此，如果你从老板那儿接过一张公司信用卡，你应当将其视为“只在紧急情况下使用”的信用卡，必须明智而谨慎地使用它。

很多时候，你的老板会让你在必要时招待客户或同事，并且为你安排预算。但如果他没有安排预算，你一定要问问你每月的信用卡限额是多少，以免最后把自己吓得手足无措。另外，有些公司严格限制公司信用卡的使用方式和地点。例如，我有一张政府雇员信用卡，它

"是的，前排座位，我需要再上一盘龙虾仁。尽快。没错，把它记在公司信用卡上……等一下……再拿一份甜点菜单。"

不仅限制我每天的花费数额，而且还限制了我使用的方式。我曾打算在机场售货亭买一袋椒盐饼干、一瓶苏打水、一本杂志，但刷卡时被拒。我打电话询问信用卡公司，被告知这张卡不适用于小摊贩，但我之前不知道这种规定。如果我带客户去餐厅吃饭，这家餐厅恰好不在被批准的支付名单上，我的信用卡就会被拒刷。如果那样的话，我就丢人丢到家了。

使用公司信用卡时，你最好不要搭顺风车。你可以为了商务目的“招待”他人，但每次支付都有记录，各种情况都有具体规定。此外，你还必须妥善保管所有购买收据，因为会计部门很可能要求你按月上交这些收据。即使没有上交要求，你也应该这样做，因为你难以预料什么时候会出现错误。如果你把所有东西都保管得井井有条——别人没有这样做——你就会给人留下更负责任的印象。

建议 8：住酒店记得问清服务细节

我最近和同事尼克一起出差，从巴尔的摩飞往明尼阿波利斯。不知道为什么 940 英里的航程竟然中途要停留两次，总共耗时 11 个小时才完成。为什么我必须先从巴尔的摩去亚特兰大，再去俄亥俄州，然后才能到达明尼阿波利斯呢？我不是地理爱好者，但我确信这不是一条最快的路线。如果沿这条可笑的路线飞行一圈下来，你可以想象我最终入住酒店时会有多么“激动”。

我必须承认，我喜欢住酒店。如果你入住一家漂亮的酒店，你会不知不觉地被各种舒适享受所俘虏。对于酒店业而言，酒店的职责就是通过提供各种必要服务赢得你的满意。由于尼克预订的房间没有准备好，他只好把自己的标准间升级成套间，入住之后他非常兴奋，没有一丝睡意。于是，他点了一部收费电影，后来他发现冰箱里装满了饮料。“为什么不喝几瓶……或者十五瓶？”他心想。瓶子这么小，只喝一瓶不够吧？再享受一下送餐服务吧，那份 50 美元的牛排肯定非常美味。尼克完全陶醉在酒店服务中，可当我们准备结账离开时，他差点被自己的账单吓晕过去。是的，他住了一个大房间，可房间的价格也不菲，而且所有额外费用加起来足以支付从纽约飞往巴黎的费用。太昂贵了！

因此，如果你入住酒店，尤其是公司为你掏钱时，你必须记住，天下没有免费的午餐。如果有些东西看上去好到令人难以置信，那它很可能是假的。这里没有什么东西真正属于你。睡衣只供出租，毛巾也只能在入住期间使用，而且不能带走，那些饮料也绝不是免费赠品。

下次你出差入住酒店时，一定要问清哪些服务不包括在酒店房费之内。Wi-Fi 是否免费？早餐是否免费？洗衣服务是否免费？有些项目可能免费，但你不能凭想象。如果你想当然地认为某些项目免费，你知道后果会如何，对吗？没错……你可能会在这家酒店欠下一屁股债，就像电影《宿醉》中的场景。也许会让我和你本人都非常难堪。

建议 9：旅途饮酒，保持底线

去年我曾坐火车从纽约回家。当时我坐在车内一边吃三明治，一边为我的下期现代礼仪专栏构思稿件。一位绅士坐在我对面，他身穿一套样式考究的西装，陪他一起旅行的是一位年轻同事。火车还没出站时，他已经咕咚咕咚地喝完两小瓶葡萄酒。若不是我亲眼所见，你肯定以为我在开玩笑！每个人的酒量都不一样——我上高中时喝几口马尼舍维茨酒，立马就会醉倒，现在仍然如此——因此，我不会通过喝酒的方式和喝下的量来判断一个人是否善于饮酒。然而，那位绅士喝完酒还没过十分钟，酒精就开始发挥作用，这让他看上去和自己之前精心装扮的职业形象明显不协调了。

火车启动后，他仍然在不停地喝酒。很快，他脱掉夹克，然后又松开领带结。两小时后，他的头发变得像野草一样蓬乱，眼皮开始慢慢耷拉下来，口水也流了出来，话也多了起来。他开始喋喋不休地谈论销售报告之类的东西。这种模样会不会让他一夜成名？我不知道。我为他感到尴尬，我相信，他的年轻同事也有这种感觉。年轻人飞快地在笔记本电脑上打字，尽量不看已经喝得醉醺醺的同事，但后者却不停地催促年轻人，嘴里嚷道：“干了！别搞那么拘谨嘛！”令人印象深刻的是，那个年轻人对这种场面应对得非常得体，但很明显，他迫切希望早点结束这趟旅行。

这件事告诉我们，旅行时千万不要和同事一起喝酒。我首先要说明的是，同事之间小酌几杯并非不可，但私下浅酌慢饮和在公共场合喝得酩酊大醉有天壤之别。即使你和同事一起旅行，也应该保持警醒。甚至当你为公司赢得大笔订单凯旋时，你仍然应该保持一定的职业素养。

不要太保守——没有人喜欢古板的人——但你应该知道自己的底线，并且坚守这条底线。即使在酒席上，我也喜欢和同事们保持工作关系。你可以这样设想：如果你的老板在场，你会喝多少酒？而那种酒量也是你和同事们在一起时可以喝下的量，不能过量。千万不要以为你酒后失当的行为不会传到老板的耳朵里去。它们肯定会——而且非常快。因此，你一定要考虑以上这些情况。如果你喝醉了，在同事们面前丢尽颜面，你该怎么办呢？很可能你的事业会到此为止。

现代礼仪专家小测试

如果你和老板一起坐飞机出差，你想趁此机会给老板留下一个好印象，但心情非常紧张，不知道如何开始聊天。你该怎么办呢?

A

打开笔记本电脑，开始起草一份重要文件，借以显示自己是一个专注的雇员，一刻也不能离开工作。

B

对他视而不见。他太忙了，肯定不想和你聊天。

C

集中心思为他提供最舒适的飞行，必须要求空乘给他送上最合适的饮料，替他把光线调到最佳状态，以便他阅读，同时为他提供两个扶手。当然，除了你自己的行李包之外，你还要在机场上替他拎包。

D

礼貌性地聊一些和家庭、新闻、电影，或与嗜好有关的话题，比如你老板参与了哪些当地体育运动。有意选择一些话题，但不要谈你上一季度赚了多少钱。

答案：D

也许这个答案让你很吃惊，你的老板可能爱好非常广泛，并非一直在思考工作。如果你有机会和老板一起旅行，不用说，你在老板心中肯定已经达到一定的地位，因此你没有必要总把你的成绩一一展示出来。此外，你的老板已经是一个成年人，在飞行途中他不需要像孩子一样处处得到照顾。你的老板自己可以拿包、倒饮料，甚至也会亲自把沾满细菌的航空枕拍打蓬松。

和老板一起旅行让人神经紧绷，这种情况是可以理解的，你的老板也知道这一点。我采访过的 CEO 都告诉我，他们知道和一个高级别的人一起旅行会让人感到多么不安，那种感觉就像参加一次旅行面试。因此，不要对他视而不见（这是个坏点子），也不要成为他的奴隶（更糟糕），应该好好利用这个机会聊聊你希望讨论的话题或项目。

你可以随意聊一个话题，如果你感觉对方不想聊天，那就立即放弃。不要强加于人，也不要穷追不舍。如果你发现你的老板打算看书或戴耳机，就说明你也应该这样做。你可以读一本书，听一首歌，或者小憩一会儿（不要打呼噜、流口水，或者歪倒在座位上）。

现代礼仪专家关于商务旅行礼仪的工具箱

买“成人”行李箱。正如我之前的老板曾经说过，“成人”行李箱可以体现职业人士和业余人士之间的区别。你在大学橄榄球队时背的那种双肩包属于后者。“成人”行李箱是一种样式紧凑、带滚轮的行李箱，专门用于职业旅行，它可以让你轻松应对任何类型的交通工具。你最好买那种坚固耐用、适合飞机行李架的行李箱，箱子上不要有斑马条纹（或者霓虹灯一样的粉色，或带有任何其他颜色并看上去滑稽的样式）。如果你像许多刚参加工作的新人那样买不起一整套旅行箱，你只需要买一只体面的箱包，然后再慢慢添置其他装备。但你无论如何都要抛弃那只破烂不堪的双肩包。

避免依赖电子产品。登机后，我们会听到乘务员发出指示：“请关闭所有电子产品。”实际上，我有一次坐飞机时曾听见空乘说：“大家注意了，如果你带有可开关式的电子产品，请务必收起来。”当然，如果只是在十分钟或十五分钟内不摸你的 iPad 或智能手机，你会觉得没什么大不了的，但如果飞机升至3万英尺后，你突然发现自己的手机电量只剩80%，这时你可能就淡定不了了，因为你还要飞行六个小时才能到达目的地。这就是你需要带一本硬皮抄、杂志或者书籍（除非你喜欢阅读塞在座位背兜里六个月前出版的《人民》）帮你打发时间的原因。

带上必备药品。我奶奶经常在钱包里准备一些阿司匹林片，以备不时之需。阿司匹林片个头硕大，吃下去时就像在吞硬币，所以我不喜欢它。但我奶奶曾对我说，手头备一些常用药品没有任何坏处。根据联邦航空局规定，现在不允许把成瓶的处方药或药膏带上飞机，因此我们可以把需要的药品装入一个小袋子，放进你的随身行李箱。这样一来，如果你在布满灰尘的飞机上出现过敏症，你的药片就有了用武之地。或者，如果你的同事或老板在飞机上喝了太多的杜松子酒，你也可以充当一回救急英雄，给他服一片阿司匹林，以缓解他的头痛。

浪漫可以发生在任何时间，但不包括在你奋斗的一万小时之内……

8

办公室恋情：小心天堂变地狱

爱无处不在，复印室、咖啡厅、
健身房……每个地方都会产生浪漫的爱情。
你知道你会邂逅何种浪漫爱情吗？

职场不是相亲会

男人总希望自己是女人的初恋情人，而女人则喜欢当男人的最后一个爱人。

——奥斯卡·王尔德，作家、诗人

上个月，我的朋友皮特打电话说他获得了梦想的工作！好消息！一周后，他和新同事参加了一次欢乐之夜，他又给我打来电话，声音听上去有点紧张："我梦想的工作几乎把我送进了天堂！"他讽刺的语气让我忍不住哈哈笑了起来。我当然知道，新工作一开始总会让人有点失望。很多事情并不总像最初看见时那样美好。然而，当我意识到他并不是在讽刺时，你可以想象我有多么惊讶了。他说，和他一起工作的同事，无论是二十五岁的靓妹，还是四十五岁的大妈，个个都充满了魅力。

然后，他又列出至少七个和他产生办公室恋情的女孩的名字。看到我的朋友获得了梦想的工作，又有希望找到他的“另一半”，我很高兴，但我警告他一定要小心行事，千万别把自己的“恋爱名单”泄露出去。

我并不想给他浇冷水，可职场恋情绝不能与酒吧邂逅或朋友安排的相亲相提并论。职场中的约会规则完全不同，你最好忘掉所有关于约会的一般规则。办公室不是你消耗荷尔蒙的游乐场，也不是每个人聚在一起互搭关系的兄弟会。在职场上，约会永远没有工作重要。

不要误解。我绝不是一个“老法海”。其实，我是一个非常浪漫的人，我的格言是“爱无处不在”，爱情会在你最意想不到的时刻到来。现在的问题是，职场恋情是件非常严肃的事情，它不仅会影响你的社交生活，还会影响你的工作、你的生计，还有你的职业声誉。不过，好消息是，你既可以成为一名最佳员工，同时也可以收获一份美好的职场恋情。

在职场上，想和同事约会的念头肯定会出现在你的脑海里。如果一位魅力四射的新人加入团队，每个人心里都会问：“她是单身吗？”如果你是单身，而且也有意培养感情，你很可能会想，怎样才能邀请那个新来的美女一起出去玩呢？可这绝不是穿上最新外套，喷上最棒的香水，准备一把锋利的开信刀就能解决的问题。当然，你最好不要以没有开信刀为借口去搭讪对方，那样做太老土了。

专业人士观点

丽莎·洛普

格莱美提名歌手，流行歌曲作家

倘若要找一个最擅长诠释心脏运动方式的人，我想，这个人绝不是医生,而应该是艺术家。艺术——无论是优秀的艺术，还是低俗的艺术，无论是视觉艺术，还是听觉艺术——始终都是为了抒发情感。说到情感，还有什么会比初恋时的情感更强烈呢？1994年，美国流行歌曲排行榜第一名是丽莎·洛普的《Stay(I missed you)》。那时我正值青春年少,一见到丽莎·洛普，我的心立马就融化了：她戴了一副墨镜，嗓音甜美迷人。她是独一无二的丽莎·洛普！

丽莎从事的是流行歌曲事业，致力于为大众提供天籁之音(相信这会儿她的《Stay》已经在你脑海中萦绕了)。如果有人能读懂你的心事，非她莫属。当我提出希望了解她对职场恋情的看法时，她欣然接受我的请求，这让我大喜过望。而且当我提到自己年轻时对她非常迷恋时，她也没有觉得尴尬。

除非你在得到一份新工作前已经有了心上人，否则你不可避免地会涉足职场约会。如果你打算走进这片危险水域，最好做一番充分准备，入水时必须小心谨慎，因为水下暗流汹涌。一旦入水，你几乎再也不能一如既往地规划自己的事业。如果你让工作和浪漫结合在一起，事情不可能会一帆风顺。在职场上，这种结合偶尔也会发生。我认识几对这样的夫妇，他们在工作中结识、相恋，然后结婚、生子，而且仍然在同一家公司上班。然而，正如你所知道的，这种情况就像独角兽一样罕见。

职场浪漫恋情成功的关键在于两个人达成共识。丽莎对我说，根据她的经验，最好从一开始就在情感和事业之间画出一条清晰的界线。

我曾和我的同事约会过——该约会时，就要约会。我的建议是，在你投身浪漫之前，必须保证你的法律关系、合约事务正常运行。最重要的是，在你开始约会前，一定要记住自己的角色、信誉、责任，如果事情未能如愿发展，你们今后也不会发生冲突。这一点适合任何职场关系，无论和约会有关与否。你总是可以这样告诉对方:“我知道提前计划这些让人感觉有点奇怪，但我也不知道我们的交往会是什么结果，所以我希望我们事先要把工作关系分开。”你们也许最后会分手，事情可能会变得一团糟，但至少要保证你们一开始就达成共识，最后事情也就更容易解决。

明白了吗？她的想法是不是很缜密？感叹吧……

职场浪漫没有固定规则，而且肯定没有固定结果，但正如丽莎指出的，最好的方法是确保自己贸然投入之前明白各种后果。两个人没有理由不能——或者不应该——在职场中恋爱。

职场恋爱的十大建议

建议 1：值不值得付出，心里要有底

邀请你的办公室同事去约会，就像决定在公共场合穿上你的“理查·辛总统”T 恤衫一样，回来后你会问自己：值得吗？

要知道，约同事外出——即使你们的工作关系不是非常亲密——也会对你的事业带来巨大冲击。我并不是想说，你会被开除或者被打入地牢，但许多公司对办公室之间的约会制度有严格的规定。因此，你必须权衡遵从内心想法（我希望你真的是在响应内心召唤！）之后带来的利弊，尤其要权衡可能发生的后果（拒绝、接受、办公室流言、争执等）和潜在价值孰轻孰重。在你鼓足勇气之前，请先后退一步，仔细斟酌你将要做什么。问问自己：“值得吗？”以及“我能应付将会发生的一切吗？”

如果你只想玩一夜情，我建议你去办公室之外的地方寻找猎物。俗话说：“兔子不吃窝边草。”你希望让自己成为前男友或前女友恶言诽谤的靶子吗？何况这些诽谤有可能会传到老板的耳中，那样做一点也不明智。

你如何知道这个人值得你冒险与否？坠入爱河之前，你一定要试

试河水的深度。应该更好地了解对方，看看你们是否真正合拍，然后再尝试浪漫约会。你可以为浪漫约会制订一项计划，从而找到双方真正的共同点，比如，你可以向对方介绍你读过的书、你看过的电影、你喜欢的品牌，然后看对方的反应是否和你一致。如果对方讨厌你喜欢的东西，也许就不值得开始约会。如果你真正喜欢这个人，而他似乎也热情地回应你，这就值得你冒险尝试一次，然后看看会有何种结果。你们在一起的时间越长,你就越能搞清自己是否渴望再向前迈一步。最后，我希望你的内心会告诉你需要的答案。

建议 2：从朋友到情人的进阶指南

我们都曾遇到过这种情况：你和某个非常优秀的人是朋友。你们在一起时，双方总是非常开心。你们有共同的兴趣爱好，而且也有相同的幽默感，一切看上去都很完美……但当你渴望关系更进一步时，对方却无动于衷，因为你被对方划入“朋友区”。

当你暗恋的对象称你为“朋友”时，就像在你脸颊上狠狠扇了一巴掌。是的，那种感觉太痛苦了。事实上，我们大部分人都可能会受到那个梦中人一遍又一遍的无情打击，同时只能无助地看着他和他心仪的人开心交谈。

如果你不知道什么是“朋友区”，请看看朋友区的典型对话：“有你这样的朋友真是棒极了，我可以找你聊聊。我觉得，如果他更像你就好了，如果他也像你一样把我当朋友，我和他的关系就会更完美了！”不用多想，以上两句话直截了当地表明你们之间是朋友关系。

不要误会，把你划入“朋友区”并不意味着你会受到歧视。朋友区是一个安静的港湾，男人与女人在这里都以平等方式互相交往。和外界相比，你会以更快的速度和同事走近，因为你要和他们不断打交道，你会发现自己经常穿越“朋友区”。

尽管你很快就和同事走近，每天都会近距离接触对方，但也绝不能让你的情感影响工作。现在已经不是中学时代，你不能整天把下巴凑过去和对方窃窃私语，也不能一直盯着自己的梦中情人。如果那样的话，你会被解雇。在这个世界上，被归入朋友区并不是最糟糕的事，因此，不应该让它影响你的判断力和工作效率。如果你想跨越朋友区界线，很好，我鼓励你遵从自己的内心需求（当然，你应该再对照第一条建议，看看是否真的值得）。然而，事实上，职场恋情通常比一般恋情更加坎坷。有时候，你的“朋友”身份反而会让你“因祸得福”。

诚然，“朋友区”关系不是你最理想的结果，但和其他人在职场上建立一种亲密的朋友关系绝不是一项糟糕的安慰奖。如果有人未把你当成“唯一的挚爱”，你也不应该把他从你的朋友名单中删掉。可如果你铁了心要离开“朋友区”，希望进入浪漫之城，你就不要留在附近观看你的“挚爱”和他的新伴侣如何演绎最新版的《爱经》。如果你对当电灯泡的场面感到恼火或者沮丧，我建议你拿起背包，立刻离开“朋友区”。

建议 3：约会要远离工作场所

正如我在建议 2 中讨论过的，如果你享受——或可以处理——遭拒后仅被当作“朋友”时的那种甜蜜而又怅然的痛苦，好吧，祝贺你。别误会，我要说的是，拥有朋友可以让生活变得多姿多彩。可现实中像你这样的人寥寥无几。多数人看见自己迷恋的人和他的新欢出现在 Facebook 上时，心里不免泛起一阵酸楚的涟漪。因此，如果你决定越过友谊界线，踏上浪漫之旅，你就已经权衡了风险所带来的利弊，既然你已经做出了决定，就开始行动吧。

首先，千万不要在上班期间约会同事。流言会在办公室内四处传播，它们会给你开启或推进浪漫关系带来更大的压力（参考第三章）。此外，工位或办公室的私密性不强，其他人可能会察觉发生了什么。“米奇为什么总往利兹的工位跑呢？”“知道吗？他们俩最近可黏糊了……”相信我，即使你们俩根本没有约会，这种流言也会传得沸沸扬扬！

其次，最重要的是，没有人会为你的办公室约会发薪水，它本身就是一种加班补贴。如果你的老板不想让你加班,他就没必要让你加班。事实上，许多公司完全禁止办公室约会。因此，如果你想和同事约会，一定要去办公室之外的地方——你们俩可以单独吃一顿午饭，或者参加单独的活动。也许找到和对方单独相处的机会需要策略，但这是最基本的。当你要求对方约会时，一定要有成熟的心态，必须为你们俩保守秘密。只有当你打算将其公开之后，你才能把两人之间的关系告诉别人。

如果一切进展顺利，而且已经开始约会，你应该把情况告诉你的老板。的确，你的老板无权干涉你的私生活，但这是他的地盘。浪漫关系不可避免地会影响到你的工作状态，因此，老板有权了解情况。如果你把情况告知老板，老板会欣赏你的坦诚和成熟，不太可能会亮起红灯阻止你，除非你的老板是个老古董。你必须记住关键的一点，在和同事约会时，必须始终将工作放在第一位。如果前一天晚上两个人吵架，第二天上班两个人不能互相配合，就会给工作带来不良后果。如果你把精力全放在约会上，工作被抛至一旁，也会带来问题。如果你利用自己和恋人之间的关系提升自己在公司中的地位，这是一种不适当的走后门行为，很可能会弄巧成拙。

建议 4：千万别在办公室秀恩爱

无论你对他是真爱，或是一时兴起的风流韵事，与心上人约会时，你肯定会利用各种机会展示自己的感受。你们也许会在办公室一起喝咖啡、一起吃午饭，一般说来，你们一起度过的时间比正常情况下要长很多。所以，你会钻进咖啡间，占据一个双人桌，或者跟在一个泡咖啡的人身后和她调情。然而，事情应该到此为止。公司咖啡间不是供你们谈情说爱的浪漫花园。你们有的是时间和地点秀恩爱，但无论是考虑到时间、地点或是其他因素，午餐时在公司咖啡间秀恩爱非常不合适。

如果你们在中央公园的中心地带野炊，并且毫无顾忌地卿卿我我，你和你的心上人当然没有理由不能“享受”二人时光。或者，如果你们打算去一家温馨的餐馆小聚，就像珠宝广告上那样，你希望把你的甜心搂在怀里，那就大胆一试吧。可是，在上班期间秀恩爱时，一定要保持低调。虽然我说的是“低调”，实际上我想说的是，你千万不要那样做。上高中时，你们每次下课就会躲在角落里亲热，仿佛一日不见如隔三秋。但这里不是高中校园。如果你在办公室咖啡间吃饭，一定要让你的职业素养控制住自己猛烈燃烧的激情。在办公室厨房中也是如此。这是一种策略。

建议 5：和老板约会要三思

目前为止，办公室内最复杂的约会形式是你和老板的约会——或者你和你的雇员去约会。这种约会可能后患无穷。即便老板是世界上最受尊敬、最有长远眼光的人，雇员是世界上最聪明、最专业的员工，当你把工作和爱情混为一谈时，你们彼此之间仍然有一片有关道德的灰色区域。无论你在职场上表现多么优秀，所有其他员工都会想当然地认为老板对你有偏爱，这样人们就会戴上有色眼镜来看待你和同事之间的各种交往。

一位名叫罗博的现代礼仪专家给我发过一封电邮，向我请教如何处理这种令人棘手的情况。当时他正和一位女老板约会。从见面第一天起，他们俩就互生好感、配合默契，尽管他们在年龄上相差五岁（说实话，不算太多），但双方有相同的兴趣爱好。因此，他马上就试探性地接近她，邀请她下班后一起喝一杯，不久他们就开始约会了。四个月后，他们才将恋情公之于众。他们没有通过空中广播或群发邮件的方式宣布他们的爱情，只是不再偷偷摸摸地约会，有人问起时，他们就大大方方地承认两人之间的恋爱关系。不仅如此，她还向其他高管说明了情况，这样的做法非常正确。罗博和他的老板公开恋情的勇气也令人十分钦佩！

尽管罗博的同事们为他感到高兴，但形势很快急转直下，他们开始以异样的目光看待他。只要他一走进办公室或厨房，或者出现在走廊上，人们马上就会安静下来。如果有消息说有人会升职，每个人都认为他是最大的热门人选。在他看来，所有人似乎都是以他和老板之间的特殊关系来判断他和老板的专业能力。

尽管同事们的做法让人感到悲哀，但这种反应也是非常自然的。和老板家人一起工作也是如此：无论家人干什么——干得好与坏——众所周知，你对爱人的情感都可能会左右自己的判断。我的意思是，假如你是罗博的同事，突然有一天公司宣布削减预算，你被解雇了，而罗博保住了工作，你会下意识地认为，这里面一定有偏袒。

如果你和老板约会，正确的做法是，不要成为直接向老板打报告的人。等待，等待，再等待，我并不是说你必须放弃！但如果你只是在和一个给你发薪水或控制你事业的人约会——并没有和对方结婚，也没有订婚——情感始终是阻挡你前进的一道障碍。这就是为什么你的所作所为一定要成熟，并且尽量保持清醒的头脑。也许你可以试试换一个工作环境，而你的老板也会乐意为你牵线搭桥的。

建议 6：别急着确定恋爱关系

人们最常问我的是有关“非正式”恋爱的问题。你知道我说的是什么：几次约会或接触后，每天只要登录 Facebook，你就会急不可待地想知道，你的心上人是否已经将“单身”状态改成了“恋爱中”。除非她向 2000 位“密友”公开这个重大改变，否则你们俩都不愿谈论这个问题，你就会陷入一种备受煎熬的尴尬境地，因为你们现在的关系就是所谓的暧昧关系。更糟糕的是，如果这种情况发生在你和同事身上，你每天上班一看见对方，就会想起那个让你犹豫很久的问题。于是，你在她身边如履薄冰，担心会惹她生气，所以不敢靠得太近，但转念之间，你又不希望她认为你对她失去了兴趣。这种矛盾的心情会把你折磨得筋疲力尽。

如果你仔细想一想，就会发现你和你约会中的同事一起相处的时间早已超过你和职场之外的其他人相处的时间。我的意思是，如果你和职场之外的人约会，你只能在晚上或周末见到她。如果有机会，你可能会邀请她共进午餐，但这种机会非常少。因此，办公室恋情往往会以更快的速度向前推进，因为你和对方见面的频率更高。正因为此，从“我们去哪儿？”一下子跳到“你是我的唯一”似乎多少显得有点步履匆匆。

但事情不应该是这样的。

在任何恋爱关系中，你总会面临“时间”问题：

- 我们多久见一次面？
- 何时把她介绍给我的朋友合适呢？
- 我何时才能把我们俩的合影上传到 Facebook 上？
- 还要过多久我们才能“谈婚论嫁”？

如果你和职场之外的人约会，可能需要更长时间才能找到感觉，同时真正去了解你们俩是否合拍。但如果你和一个人终日厮守，彼此了解的曲线就会变得更短。你可以看到对方七彩缤纷的心情状态：紧张、快乐、疯狂、激动、平静、善谈等。这实际上也有可取之处，它可以让你更快地了解你们的爱情是否能修成正果。

然而，你仍然不能从暧昧状态仓促进入恋爱状态中。只有当你确信自己看到了曙光，你才能从“暧昧”进入“下一步”的恋爱关系。当然，在你们双方都准备改变恋爱状态前，仍然保持当前的状态也是合情合理的。

建议 7：职场艳遇别犯傻，敢作更要敢当

天啊，哦，天啊，假日派对多么令人神往！火热的场面、劲爆的音乐、美酒佳酿……喝醉之后，不知何时你的室友已经悄悄溜进你的被窝，现在竟然躺在你身旁。也许等你醒来之后，发现他不是室友，而是市场部的同事。

正如我们在这一章开头提到过的，如果见到有魅力的同事，你自然会对他产生好感，当然也有意和他约会。可如果你跳过“约会”这一步，想直接“上床”，后果将会如何呢？我将这种情况称为职场上的“艳遇”，但它通常不会有好的结果。

就像搞暧昧一样，你此时也会感到尴尬。然而，在暧昧阶段，你不会因为没能和某个人一起吃午饭而感到遗憾，因为你有自己的计划，而且双方都钟情于对方，不用太过着急。可职场艳遇不同，它也许会给你带来麻烦。不像其他职场约会，艳遇只是一时头脑冲动的结果。事实上，它完全没有任何计划！

你们俩在一起时可能有点玩笑开过火了，有因必有果，现在，你在冷饮机旁不再只和她谈天气了。不管怎么样，谈谈发生了什么，是你处理事情的正确方法。这种谈话没必要持续太久，不要让人觉得你似乎需要“伴侣咨询”！你只需要避开办公室中各种窥视目光，和对

方谈谈昨天晚上发生了什么。你有两种选择：

1. 如果你认为这是一个错误，就说："昨天晚上……我还没有打算谈恋爱。对不起，我误导了你。我不是故意的，请原谅我。"
2. 如果你想进一步发展关系，则可以说："昨天晚上……我真的很高兴，我会负责的，我想再见到你。下周四我们去喝杯咖啡吧。你愿意吗？"

当然，你们俩会说，以后"再也不犯傻了"。

没错。不能再犯傻了。

然而，当你处理职场艳遇时，无论你将其视为一次错误，还是一次奇迹，你都必须和你的同事好好聊聊。对于你的事业来说，职场约会是一件严肃的事情，如果你事后逃之夭夭，有人会将你看成狡猾的"毒蛇"或"懦夫"。因此，你要敢作敢当，大胆走过去，撕掉那片遮羞的"创可贴"，尽快放弃各种迂腐的想法。

建议 8：应对爽约三部曲

粉丝们曾给我发来邮件，向我抱怨被放鸽子后的内心感受："太尴尬了！""我被骗了！""我们那天只打算确定计划，然后她就不露面了！"如果放你鸽子的那个人是你的同事，你每天都会见到对方，你就会遭受双倍的煎熬。

如果已经遇到或者将来可能遇到这种情况，你可以回顾一下硬汉史蒂夫·麦奎因的历史，这位电影界传奇人物曾是著名的"酷王之王"。不过，在好莱坞历史上，这个绰号也是"拈花惹草"者的别称。尽管没有人能达到酷王那种心如止水、旁若无人的境界，但在面临爽约之类的尴尬场面时，还是有不少值得一试的方法可以帮你保护自尊，同时抑制住怒火。

我知道你可能一整天都在计划你的约会，从你的穿衣打扮，到你的言谈举止，无一不经过反复考虑。接下来，你便开始在餐馆或酒吧等候，10 分钟……15 分钟……20 分钟……30 分钟！你不停地查看手机，什么信息也没有，你又查看你的电邮，仍然一无所获。现在已经是数字时代，智能手机一统天下，所以对方没有理由联系不上你，除非他躲进了地下室。

渐渐地，你意识到自己被人耍了，尽管你心里希望这不是真的。

现在，你会在酒吧喝得烂醉如泥，当着其他人的面，指名道姓地咒骂那个没有露面的人吗？绝不能这样！一旦遇到这种情况，想想麦奎因是怎么做的——装酷。你觉得麦奎因被人爽约后不会气得发疯吗？当然不会！好吧，也许他很少遇上这种情况，因为他是好莱坞最传奇的性感偶像。即便如此，我仍然坚持我的观点，你没有必要非要成为一位华丽的名人才能扮酷。

首先，你要知道你并不是第一个，也不是最后一个被爽约的人。可悲的是，在你一生中，这种事情可能会一再发生。你在浪费时间吗？是的。这种人连打一通电话取消约会的基本礼仪都不遵守，不是很糟糕吗？当然。

其次，你的情感过山车不会就此停止。如果对这件事继续纠结，你只会感到更沮丧、更痛苦。我建议你去酒吧或餐馆坐坐，但不要独自借酒浇愁，你可以邀请一位朋友，一起喝几杯美格波本威士忌。也可以多邀两三位朋友，点几个好菜，享受一次聚会。不要浪费了你身上的漂亮行头。如果那个放你鸽子的人打电话给你道歉，你可以告诉对方，没有他，你现在仍然玩得很开心！他若是提出下次再约的要求，果断拒绝。

最后，如果你还想给对方一次机会（也许发生了一些不可预料的情况，例如有家人生病，或者小猫被淹死了，这些的确会让她没有心情联系你），可以通过留言保住自己的面子："嗨，我们本来约好7：30在餐馆见面。我想你是不是有事耽误了。别担心，没事。 希望一切OK。改天给我打电话吧，下次再约。晚安。"

这样做的目的是给对方回电话解释的机会。如果对方没有解释，你可以像那个"大人物"一样，对此泰然处之，你现在已经知道，根本不值得在对方身上花时间。这是双赢！

说到爽约，商业界有一条残酷的推论，人们称之为"公司壕沟"。如果你打算抽时间和某个人谈谈业务，经过一番努力，最终敲定了会面时间，对方最后却爽约了，这便是"公司壕沟"。假如这不是一次浪漫约会，而是一次商务会谈，你仍然会对此感到恼火。你已经做了研究，准备大干一场，而且已经等了整整一周，到了最后一刻，会议却被取消了……只有一封语音邮件问候你。你该怎么办呢？

不要大动肝火，也不要发送可能让你感到后悔的愤怒邮件，更不要自断退路。相反，给对方发一封语气轻松的语音邮件，让他知道你理解他可能太忙了，同时告诉他你非常渴望会面，然后重新约定时间。试试这样说："嗨，（失礼者的名字），我想，你下午一定有事耽误了。不要紧。我现在要去另外一个地方参加会议，我们下周二再见面如何？相同的时间，相同的地点。可以吗？告诉我一声。再次感谢。"

这样的策略可以迫使对方回复你。无论对方是接受还是拒绝新的约会时间，你至少知道自己所处的位置，从而避免继续浪费宝贵的时间。

建议 9：你该学会的职场分手处理法

我之前已经讲到过分手，但还想再次重申：职场上最重要的一条规则是“不要自断退路”。换言之，尽管你们已经分手了（无论何种分手），但你始终应该和对方保持一种彬彬有礼的关系。对于职场上的浪漫关系来说，你更应该如此。有人发一条短信就和女友或男友分手，这样做似乎过于绝情，依我看，你一定不希望让自己成为别人眼中最没心肝的人。

最近，我的一位朋友告诉我，他和女友分手了。我问他是怎么分手的，他照实说道：“看情况而定。短信、电邮都不错，或者不给对方打电话了，然后她就会明白。”正如你所想到的，他现在的前女友并没有“完全明白”。听到我朋友这种无情又怯懦的分手方法，我感到非常震惊。我们怎么了？这是分手新标准吗？是不是因为观看约翰·库萨克和茱莉娅·罗伯茨的电影后，我变得太天真了？

选项 1：短信分手

讨论这个问题之前，我们先了解一下短信：这是一种最低级、最懒惰的交流形式。因为电报效率不够高，所以亚历山大·格雷厄姆·贝尔发明了电话，现在，一百年过去了——我们有了电话和互联网——人们竟然又重新采用 19 世纪的电报方式传递消息。你不觉得这是一种讽刺吗？

如今，在流行文化圈中，短信分手已经成为传奇人物的分手法宝。几年前，泰勒·斯威夫特和乔纳斯兄弟主唱乔·乔纳斯的分手风波闹得沸沸扬扬。泰勒称，乔纳斯发来一条短信结束了他们之间的浪漫爱情。当时这家伙是怎么想的呢？泰勒颜面扫地，这一点自然不必多说，但乔纳斯居然利用惹女孩子伤心来让自己（更）出名！这不是一个好办法，这种手段早就不是新闻了。

即使你打算毁掉一个人整整一大（或一个周末、一个月）的快乐，你也不该采用写短信的方法分手。短信分手会给整个关系蒙上一层令人作呕的阴影，这就好像在告诉对方，你根本不在乎你们之间的关系。无论你的分手短信写得多么动人，它读起来都会是这样的："嗨，在吗？我要去办公室，可我想告诉你，你不适合我。祝你好运。以后我们仍然做朋友好吗？"

如果你被人用这样的短信抛弃，请立刻删掉短信，然后尝试着去干点别的什么——即使是看本杰瑞的卡通片也要比回短信好。这种懦夫不值得你回复。

选项 2：电邮分手

电邮分手比短信分手稍微强那么一点，但它仍然缺乏风度。你可以一连写几页分手理由，但这样做一点好处也没有——如果你没有胆量看着对方的眼睛说分手，你仍然是一个懦夫。分手邮件的唯一优点在于，它比分手短信前进了一步，这就好比在说，踢在脑袋上要比踢在裆部让人感觉舒服一点。

是的，和当面交流相比，人们用电邮交流时更开放，更坦诚，但这种分手方式并不会让人感觉更好。我的朋友艾瑞卡告诉我，他喜欢这样做，因为这样做会让她“受伤轻一点”。受伤轻一点？谁能抚慰她那颗破碎的心？无论抛弃别人的一方心中多么内疚，被抛弃的一方总是受伤最深。如果你收到一封分手邮件，最好不要立即回复。如果你不回复对方，首先，这说明你非常生气——你当然应该生气；其次，对方因为非常渴望知道你的反应，现在急得几乎要疯掉了，这是一项额外的惩罚！

选项 3：电话分手

正如我之前说过的，电话的发明让沟通变得更加快捷，但这并不意味着电话是你的分手利器。你不是去参加一场世界失礼行为综合锦标赛。我想问的是，我们现在有多大年龄了？

如果你想结束一段感情，你甚至连一通电话都不愿打，这样做太不应该了。也许这是我们人类进化史上的一大退步。为了不和这个世界脱节，试着敲响战鼓吧——坦诚相待就足够了！也正是诚实和体贴之类的细小举动让我们有别于野兽。诚实可以让你避免无数种尴尬。你也许会再次遇到那个人（尤其当对方是你的同事时），你也许最不希望让对方视你为一个不打电话、不发邮件的冷酷动物，或者，我自己都不相信我会这样说——你居然真的只发一条短信就和对方分手了。

选项 4：当面分手

这也许很难，但这是你与他分手的唯一正确方式。你必须清晰简洁、毅然决然地把事情说清楚。你只需要告诉对方，你对她没有感觉了，告诉她现在最好分手，以免将来会对你产生怨恨。千万不要说："我们仍然是朋友。"这种说法听上去软弱无力，如果你想和对方保持朋友关系，你也许会那样说——但是否和你继续保持友谊应该由被抛弃者决定。

如果你和一位同事在约会，但你不想再和对方有任何牵挂，你可以告诉对方，你还没有准备好，不能给她一个完整的承诺。是的，当你开始恋爱时，你以为你会付出一切，但现在你需要把事情考虑清楚，因为你们在一起共事，你不希望把你们俩之间的关系搞僵。无论约会持续了一周，一个月，或者一年，你都要让对方知道，你努力过，但

“真的吗？肯尼？真的吗？你给我发来一封分手邮件？我就在背后坐着呢！”

还没有准备好。对方不会乐意接受这种答案，可能会觉得你在欺骗她，但它肯定会比你无声无息地玩消失更胜一筹。这是因为，还有什么会比被抛弃的恋人去人事部投诉你性骚扰更具报复性呢？（你明白我的意思吗？）

坦诚面对并非是最简单的分手方式，却是令人尊重的做法。我向你保证，如果你真心为她着想，她最终会欣赏你的坦诚。只是要注意一点，对方可能会把一杯饮料泼在你的脸上，所以要蹲下保护自己。

建议 10：约会要真诚，切勿做花花公子

正如我们了解到的，职场约会有利有弊，一旦你决定开始约会，你就必须认真权衡各种利弊。此外，你还必须考虑你的约会次数。悲哀的是，如果你被人视为一个约会专业户，一旦遇到你真正想约会的人，你可能会失去和她约会的机会，因为她担心自己会像其他人一样被你伤害。是的，人们会在背后议论你，在职场上，没有什么是神圣的，而且没有什么秘密能够保守长久。

约会专业户一般有两种：

1. 有人并不希望成为一个约会专业户，但如果你每周在同一个环境中度过 40 ～ 60 个小时，你在这里一定会遇到你感兴趣的人，所以约会肯定会多起来。这是很自然的事情，也可以让人理解。
2. 有人视约会为游戏，唯一的目标是在“风月记录簿”上尽可能多画几道痕迹。

首先，在职场上和多个人约会并没有坏处——当然不是同时约会！但是，看看你和同事待在一起的时间，再看看你和陌生人待在一起的时间，先后和多个人约会的情况肯定会发生。比如，我的同事安德鲁告诉我，他担心自己的名誉受损，因为他在五年内已经和六个同事约会过。他是一个英俊潇洒、谈吐幽默、受人尊敬的小伙子，对女士来说，他有不可抗拒的魅力，所以，对他来说，约会易如反掌。可是，要找到一个真正合适的人却很难。这也正是他感到苦恼的地方。

这是他的错吗？他为了寻找真爱而多约会了几次，难道就要给他贴上一张“连环约会达人”的标签吗？不，不应该。当然，在职场上安全约会，同时不让自己名誉受损的唯一方法是遵守我在本章开头提过的建议：

1. 权衡和某个人约会的利弊。
2. 尽量减少因自己的恋情而引起的办公室流言（也就是说，尽量少向“大舌头”透露你的信息）。
3. 不要采用糟糕的方式分手，否则可能会导致你的名誉和事业受损。
4. 永远不要故意欺骗别人。

你的底线是，和其他恋情相比，你必须更加小心谨慎地处理职场恋情。因此，你应该尊重所有人，对所有人友好，这是你摆脱“约会达人”头衔的唯一途径。

然而，假如你约会只是为了向人炫耀：“瞧，我泡上她了。”那你就是头猪。我希望你被老板开除。无论男女，任何拿约会炫耀的人都会被视为一个不满十六岁的毛孩子。退一步说，即使你只有十六岁，那样做也是非常愚蠢的，更何况你已经是一个成年人！你该成熟一点。如果你只是为了性，尽管闹腾去吧。但如果你想在办公室里玩这种把戏，那你就错了。不仅你的同事会瞧不起你，而且你还会被开除，因为你破坏了工作环境。此外，即使你真的爱上了某个人，因为你背上了“花花公子”的恶名，对方也绝对不想和你产生任何瓜葛。

现代礼仪专家小测试

和同事约会两个月后，你意识到，这场恋爱不会有结果。于是，一天晚上下班后，你给对方发去一封电邮，希望尽量礼貌地结束这段感情。第二天，对方一直不停地给你发电邮，问你："为什么？为什么？到底为什么？"你不知道自己该怎么办，甚至害怕看见对方。面对这种情况，你到底该如何应对呢？

A	B
收到第52封电邮后，你重新回到她身边。毕竟，她曾为你购买了你最渴望的音乐会门票。一起再次共度周末怎么样？	当你意识到自己遇到了变态狂后，向老板和人事部报告发生了什么，然后把一连串电邮作为证据提交上去，同时告诉他们，这些邮件已经影响到了你的工作业绩。
C	**D**
走到对方办公桌旁，当众把她"痛骂一顿"，告诉她说，你们的关系彻底完了。	完全无视对方，希望对方明白你的暗示。

答案：B

也许D也有几分道理。我来解释一下。通常情况下，我们还没搞清对方是不是疯子就迫不及待地和他上了床。但有时候，外表看起来不错的人可能是个变态狂，如果你和这种人交往，最后会发现自己掉进了厄运的罗网。这种事很常见，从来没有停止过。如果没有预见这一点，不要感到太难过。可是，即使对方不愿分手，也并不意味着你就必须忍受电邮和责骂的轰炸或其他出格的疯狂举动。你应该立即将问题报告给你的老板和人事部。如果对方只是发邮件问你为什么不再爱他，这可以理解。但如果对方辱骂或威胁你，不要迟疑，立即报告你的经理。即使你不希望人事部采取行动，至少也要让他们知道对方已经影响到你的工作。这样，你的上司肯定会关注这一点。

如果同时采用D这种方法，虽然你可能无法完全让对方冷静下来，但你肯定不想通过永无休止的电邮诱发更严重的矛盾。因此，不要通过电邮和对方争论，也不要当面争执。让对方发邮件去吧，发到他手指麻木为止。没有必要报复对方，不要让火星演变成熊熊大火。这不仅会让你陷入无尽的烦恼，还会让你说一些发泄愤怒的话，也许你将来会对此感到遗憾。

现代礼仪专家有关职场恋爱的工具箱

职场恋爱协议。不要理解错了，我说的并不是书面协议，而是非正式协议。正如丽莎·洛普所言，在恋爱开始前，一定要明确你的立场，一旦分手，双方可以根据事先约定从容离开。如果你和你的约会对象在工作上关系非常密切，双方必须理解各自对工作的贡献，这样才不会出现分手后相互指责的情况，因为工作伙伴和恋爱伴侣完全是两码事。

分手文件。分手时，总会出现“各说各有理”的情况。这就是你要始终保存你们的往来邮件，尤其是那些揭示你的那位（不）重要伙伴“真面目”的邮件的原因。如果对方说：“我从来没有说过那种话！”你就可以把邮件展示给对方，然后说：“是吗？你不但说过，而且还做过！”

保留自己的空间。我有一位同事曾在恋爱期间让女友使用他的豪华办公室，于是女友经常把他的办公室当成每天放松或吃午饭的“避风港”。因为当时他们在约会，所以他也不介意对方会在他打电话时或正在忙工作时突然闯进来。但是，她逐渐变得越来越随意，几乎把这里当成了自己的家，甚至邀请朋友前来聚会。他们分手后，她仍然觉得自己有权像原来那样使用他的办公室。可悲的是，这根本行不通。这就是我在建议 1 中让你准备一份非正式的职场恋爱协议的原因。

不要公开秀恩爱。如果你恋爱了，你也许想告诉全世界。可事实上，你必须选择合适的时间和地点去宣泄自己的感情，上班期间并不适合这样做。因此，请把秀恩爱时刻留在下班后或周末。如果你们白天能“克制”住自己，晚上脱掉对方衣服时，就会更加兴奋。正如你听过的——小别胜新婚。

附录

25条成功人士的制胜宣言

目前为止，我最喜欢这一章，因为我要讲述的是真正决定事业成败的最简单的真理。为了事业成功，你不仅需要了解如何为工作面试穿着打扮，或者如何应付令人讨厌的同事（这两方面都很关键），还需要了解专业人士有关事业发展的独到见解。接下来，他们将会告诉你，哪些是你应该做的，哪些是你不该做的。

每次我采访专业人士时，我最后都会问对方一个有关事业成功的潜规则问题。每当我问他们这个问题时，就会看见他们丢开电话或电邮，然后撸起袖子。尽管他们是来自不同行业的领袖，你会发现，他们的反应竟然有几分相似。这种情况绝不是偶然的，因为礼貌和尊重是普遍遵守的基本准则，几乎适用于任何一个行业。

1. 保持谦卑

乔纳森·莫纳甘，世界著名艺术家兼动画设计师

如果你缺乏经验，同时又非常自负，你的事业之路肯定不会长远。你必须愿意学习，全身心投入工作中。只有这样，你才能增长知识，提高技能，并且学会和同事在工作中相处，这些都是事业成功的关键。

2. 准备就是一切

林登·科马克及杰米·科马克，加拿大赫谢尔日用品有限公司创始人

不要觉得你似乎已经懂得一切。初来乍到，你不仅要承认自己的无知，更应该努力寻求答案。

3. 用心学习

史蒂夫·古腾贝格，演员兼作家

如果你希望进入娱乐业，我的最佳建议是阅读阅读再阅读。了解经典，了解 19 世纪和 20 世纪的各种作品；阅读小说和非小说作品；观看各种戏剧以及美国电影学会推荐的 100 部电影；欣赏各种歌剧和芭蕾舞；参观博物馆；多逛书店。

4. 遵守最简法则

史蒂夫·艾伯拉姆，木兰面包店 CEO

我不喜欢别人浪费我的时间。我是一个善于学习的人。事情越简单，越直接，我越喜欢。不要让事情搞得太复杂，否则你可能会失去我的关注，而且我也没有兴趣和你做生意……请一定要遵守最简法则。

5. 别忘了说“谢谢”

安德鲁·伯格，B’more 有机食品公司创办人

永远记住说“谢谢”。我的双胞胎儿子只有两岁，他们总是不停地说谢谢，成年人更应该如此。无论是上司感谢下属，还是服务供应商感谢客户，或者客户感谢销售商，一句感谢的话会给人带来无限温暖。

6. 随时待命

斯皮克·门德尔森，饭店老板兼顶级厨师

我是一个很有耐心的人，但如果没人随时待命，我会很沮丧。我从事的许多项目都需要打越洋电话协调，所有人都很忙碌。因此，你必须灵活安排时间，要知道，工作不只发生在朝九晚五之间。有时候，你也许会在晚上十一点接到电话，这是因为需要你，所以才给你打电话。

7. 重视人的价值

约兰塔·博纳尔，《训狗员完全手册：如何训练一只快乐的乖狗狗》作者

选择专业人士时，挑选要价低的并不是一个好主意。在市场上，价格最便宜的几乎都不是最适合的。

8. 肢体语言更有力量

内尔·布鲁门萨尔，沃比派克眼镜公司共同创办人

人们经常会忽略一些基本事实：坐姿端正、看着对方的眼睛、手势挥动有力。对于职业人士来说，肢体语言至关重要。如果我们雇用你，我们不仅要找一个能胜任工作的人，还要找一个能在公司中不断成长的人。如果你缺乏礼貌，没有存在感，或者没有领导潜能，我们的确不愿浪费时间雇用和培训你。

9. 注意个人空间

米尼翁·福格蒂，畅销书《文法小天后的写作指南》作者

我希望人们乘坐飞机时不要向后压座椅靠背。虽然你有权向后压靠背，但这样的结果是，坐在后排座位上的人在整个旅程中都会感到不舒服（飞行本身就够难受的了），而且几乎无法使用笔记本电脑。人们被限制在这样一个狭小空间内，相互之间应该更体贴对方。

10. 大方得体

易斯·布莱克，《奥斯汀纪事报》及西南偏南音乐节共同创办人

衣着得体、语气温和，待人彬彬有礼。无论你有多么优秀，无论你的工作多么伟大，你的工作（成功或失败）多半取决于你如何与别人交往。

11. 并非所有百万富翁都穿西服

史蒂夫·罗宾斯，哈佛大学 MBA，《事半功倍地完成工作的 9 个步骤》作者

人们经常会根据年龄、举止和穿着来判断一个人是否是重要人物。这不仅显得无礼，而且非常危险。时至今日，中年骗子爱穿西服，二十八岁的亿万富翁爱穿牛仔服。如果始终以礼待人，你肯定会得到满意的结果。作为一个长期从事技术工作的人，我只有穿牛仔服时才感觉舒适，而且穿上牛仔服会让我看上去更年轻。在社交活动中，人们通常因为我的穿着随意而不搭理我。所以，我开始在公众面前发表看法——这样做可以建立我的自信。

12. 了解自己的舒适度

普拉纳夫·沃拉，Hugh&Crye 服装公司创始人

不能和同事走得太近。和同事建立友谊关系固然很好，但有时太随便可能会让你忘记一个事实——你们之间的职业关系比私人关系更重要。

13. 保持诚实

萨姆·塔兰蒂诺，鲨客音乐网站共同创办人兼 CEO

始终做一个诚实的人，即使它意味着残忍。诚实者受人尊重。如果你的上司不欣赏诚实，你就不必为他工作，因为不讲诚信是关系恶化的标志。

14. 不要让诚实反过来伤害你

贝亚特·桑多拉，QuickandDirtyTips 网站首席编辑

在职场上，诚实是种好品质……除非你为一个不喜欢诚实的人工作。如果你因为直言不讳地指出产品或管理风格问题而受到老板的冷眼，你该重新考虑一下诚实路线。有时，微笑着同意对方比坦承自己的观点更受欢迎。否则到最后，也许你只能去干一些买咖啡之类的小事。

15. 重视人脉

罗布·塞缪尔斯，美格波本威士忌公司首席运营官

成功不是为了实现内心的期待，而是超越你的预期。我们通过有意义的方式广泛积累人脉。我们在和团队中的每个人打交道时，必须始终坚持诚实、透明的原则。

16. 不要逃避冲突

布莱恩·邓肯森，斯巴达勇士赛战略规划主任兼共同创办人

只要有可能，当面处理因个性导致的问题。最好能和对方当面交流，消除彼此之间的分歧，别一拖再拖。

17. 记得回电

史蒂夫·古腾贝格，演员兼作家

不回电话或信件是最让人难以接受的行为。在演艺界，有一条约定俗成的规矩：立即回电话或信件。越是重要人物，回电话的速度就越快。只有白痴才会不着急，后果也一定会很糟糕。你将来也许会需要对方的帮助，所以快点回电话吧。

18. 电邮要快

本杰明·奥古斯特，编剧、制片人、选角导演

在今天这个时代，不及时回复别人的电邮绝对会被视为一种无礼行为。无论是否在办公室办公，几乎每个人每隔几秒钟就看一次邮件。如果你和别人一起吃午餐，最恼火的莫过于对方大部分时间都在忙着用他的黑莓手机或 iPhone 回邮件。可是，当你给他发邮件时，你等待回复的时间漫长到让你无法忍受。你并不需要写一篇文章，只需要直接回答相关问题就可以了。如果你无法立即给出答案，你可以告诉对方："我稍后再回复你。"你应该公事公办，最好不要给人一种约会时的感受："为什么他还不回复我呢？"

19. 注意回复电邮的语气

丽莎·B. 马歇尔，《智谈：公共演讲者的成功指南》作者

请不要在电邮中使用感叹号！

不要把自己的急事当成是收件人的急事……这种情况很少见。相反，你应该在电邮主题上准确概括你的邮件要点，例如："紧急请求，请在下午 5 点前回复：销售计划已更新"。

20. 禁用手机

丽莎·洛普，格莱美提名歌手、流行歌曲作曲家

会议期间，使用手机或笔记本电脑回复邮件是一种不礼貌的行为，尤其是事先没有征求别人的同意，如果不承认自己的行为，会更显得你无礼。

21. 当面交流

戴蒙·杨，Ebony.com 网站特约编辑兼作家

我们现在越来越依赖互联网和其他形式的通信技术，记住，与真人打交道更重要。

22. 不要过度推销自己

阿曼达·托马斯，勇气女孩家庭助手公司老板、家庭 CEO 播客主持人

参加社交聚会时，只需要简单介绍你是谁，你做的是什么工作就足够了。如果人们希望购买你的服务或产品，他们就会告诉你。如果他们不联系你，说明他们不需要，不要勉强向他们推销。永远不要！那样做会让人倒胃口！

23. 个人卫生很关键

本·格林菲尔德，健身专家兼《健美体形指南》作者

如果你在的公司有健身房，你该经常健身。但如果冲凉是个问题，别用太多的香水掩盖汗味，避免让人更难受。我的建议是：在胳肢窝下抹点椰子油，全身就会有一股淡淡的热带风味，这样就不会让你周围的人鼻子遭殃。另外，你还可以用点没有添加其他成分的小苏打止汗剂。气味花哨的香水还是留在约会时用，最好不要在办公场所使用。

24. 口臭 = 搅黄生意

尤金·福利，福利娱乐公司总裁

如果你在商务会谈前吃过洋葱、大蒜或其他气味大的食物，记得清新你的口气，因为在一个有口臭的人身旁坐一个小时完全是种煎熬。

25. 创造奇迹

肯恩·奥斯汀，马奎斯航空公司共同创办人、龙舌兰阿维翁酒业公司创始人兼主席

想想看，你如何才能在自己的工作中创造奇迹，人们每次见到你都会说："干得漂亮，你是我的榜样。"

后记

人们听说我是一位现代礼仪专家，常常会问我一个问题：你觉得礼仪是否已死？

我不会指责他们。如果你的答案是基于目前几乎所有频道上搞电视节目编排的那些人，这个问题的答案非常清楚："是的！"

可是，为什么会是这个答案？为什么礼仪会退居次席？也许我们过分沉迷于社交媒体关系，而忽略了真正的社交；也许是因为有人愚蠢到相信行为粗鲁会让自己更酷；也许是经常看到真人秀上的人对待他人像垃圾一样，因此误以为不良行为是正常的。这成了一件难以定夺的事。但我相信真正的原因是人们把"彬彬有礼”或遵守适当礼仪与土气的“过时”礼仪弄混淆了。

不知出于何种奇怪的原因，礼貌通常被视为你小时候抗拒的东西。仿佛你在一个说“请”和“谢谢”的家庭中长大，你会变得拘谨或傲慢。于是，知道吃鹅肝酱时用哪把叉子的“老古板”和其他人之间的区别十分清晰，后者就像威尔·法瑞尔在《婚礼傲客》中饰演的角色，一边穿着睡衣到处闲逛，一边扯开嗓子尖叫：“老妈！去给我拿点肉卷来！”

然而，这并不是真的。礼仪绝不只是那些因为懂得赤霞珠应该和烤牛排搭配，或者懂得如何将餐巾折叠成一只天鹅而自视高人一等的老古董们的专利。想想看，如果你在后花园烧烤时把赤霞珠和牛排换成了啤酒和汉堡，然后你就不知道如何展示正确礼仪了？你当然知道！礼仪是从过去的错误中学习到的，是为了避免你语言或行为失当。

因此，不要再认为遵守礼仪只是老年人的事，或者是《唐顿庄园》中贵族们的嗜好。现在你该抛弃那种礼仪与潮流是完全对立的想法。礼仪不是你生而知之的东西，当然更不是你担心学会后无法为博人一笑而在大庭广众下以咒骂方式耍酷的东西。那样做很酷吗？如果真实生活是一部电影，那样做也许会给人带来喜感。但是，生活并不是电影，所以抛弃那种行为吧。只要你愿意提醒自己，你一定会成为一个彬彬有礼的人。

这就是为什么我在回答“礼仪是否已死？”时会大声说“没有！”遵守礼仪绝不过时，实际上，礼仪正在逐渐复兴。没错，无论是穿西装，还是休闲运动装，人们都开始重新注重礼仪。不相信？问问你自己：为什么你会拾起这本书？也许你已经厌恶那些让你目瞪口呆的无礼行为，也许你会喃喃自语地怀疑：我们是不是越来越没救了？也许你是意识到礼仪重要性的聪明人之一，希望尽一切努力磨炼自己的行为，提升自己的事业。

如果这是你的想法，它绝对是正确的！

为了写这本书，我采访了许多CEO、企业家、潮流引导者，他们都告诉我，现在很难找到具有良好礼仪的人。因此，如果他们能遇到一位彬彬有礼的同事或雇员，例如，对方可以顺利完成交流而不是每隔五秒钟就查看一次手机，或者在适当时说一声“谢谢你”，或者能按时到达并做好充分准备，他们一定会对其另眼相待。现在遵守礼仪反而变得酷毙了——我说的是骑摩托车的史蒂夫·麦奎因、《周六夜现场》中的贾斯汀·汀布莱克以及《广告狂人》所表现出来的那种酷。

那么，礼仪死了吗？

当然没有。

也许它受到了一点伤害，但有你的参与，它会比以往更具活力。

致谢

尽管这本书是我的声音，但只有在一个优秀团队的帮助下，我才能歌唱自如。首先，我要感谢我的杰出编辑贝亚特·桑多拉，感谢她在我写作期间牺牲自己的时间和精力给我诸多包容。在过去的一年中，我给她造成了无数次麻烦，即便把世界上所有阿司匹林加起来也不够治疗她的头痛。她负责管理我写作中的方方面面，从最小的细节到大幅图例，她都要耗费大量的笔墨进行修改。我猜，她肯定买了一大堆比克笔（Bic）。当然，她还会不断鼓励我。感谢她始终带着微笑完成这一切。她不仅为这本书的出版付出了不懈努力，而且用她的魔杖帮我实现了自己的梦想。

感谢艾米丽·罗特席尔德，感谢她给予我首次尝试成为现代礼仪专家的机会。

感谢麦克米兰圣马丁出版社以及QuickandDirtyTips.com网站的所有人，感谢他们给予我向世界展示现代礼仪专家专栏的机会。你们的支持和信任是无价之宝，我将永远铭记于心。

此外，我要感谢为本书奉献时间和智慧的CEO、企业家和娱乐明星们。当然，我还要感谢来自世界各地的现代礼仪专家专栏的读者和听众，若没有他们的电邮、Facebook帖文、推特，我就不可能为这本书收集到这么多素材。你们也许不知道，当你们与我分享自己的故事时，对我来说，那种感觉很神奇。当我知道并非只有我自己会因为同事、朋友或家人的失礼行为而发疯时，我总会感到一丝宽慰。你们的故事把这项工作变成了一次狂欢。

最后，我还要感谢我生命中最爱的人——我的妻子杰米、我的两个漂亮宝贝麦迪和科尔。无论我在凌晨三点因步入起居室敲打新的一章而吵醒他们，还是散步时突然转身回家写下自己的想法，或者偷偷从咖啡店溜回去工作几个小时，如果没有他们对我的爱、支持，以及始终如一的耐心，我绝不可能完成这项工作。你们是我最热心的粉丝，感谢你们。

图书在版编目（CIP）数据

制胜力 / (美) 里奇·费里德曼（Richie Frieman）著；刘小群译. 一南京：江苏凤凰文艺出版社，2018.1

书名原文：REPLY ALL. And Other Ways To Tank Your Career

ISBN 978-7-5594-1405-2

Ⅰ. ①制… Ⅱ. ①里… ②刘… Ⅲ. ①成功心理－通俗读物 Ⅳ. ①B848. 4-49

中国版本图书馆CIP数据核字（2017）第279450号

江苏省版权局著作权合同登记：图字10-2014-442

书名	制胜力
著者	[美] 里奇·费里德曼
译者	刘小群
责任编辑	孙 斌
特约编辑	葛龙广
责任校对	郭慧红
封面设计	赵 博
版面设计	李 亚
出版发行	江苏凤凰文艺出版社
出版社地址	南京市中央路165号，邮编：210009
出版社网址	http://www.jswenyi.com
印刷	三河市金元印装有限公司
开本	700毫米×1000毫米 1/16
印张	18.25
字数	200千字
版次	2018年1月第1版 2018年1月第1次印刷
标准书号	ISBN 978-7-5594-1405-2
定价	45.00元

（江苏凤凰文艺版图书凡印刷、装订错误可随时向承印厂调换）

FONGHONG
凤凰联动出品